大谷悠 著

# 都市の〈隙間〉からまちをつくろう

## ドイツ・ライプツィヒに学ぶ
## 空き家と空き地のつかいかた

学芸出版社

とある土曜の昼下がり

[日本の家]の大きな飾り窓に

ミヤが「ごはんの会」と書きはじめた

空き家だらけのアイゼンバーン通りは
車が通るごとに落ち葉とゴミが舞い上がる
太陽はずいぶん弱々しく
もう夏の面影は無い

ミノルが表に自転車を止めて入ってくる
「おはようございます」
「よし、じゃ行こうか」とヒロ

道端で拾った冬物のジャケットを着て
自転車に荷台をくっつけて
2人は通りにこぎだしていく

冗談を言い合いながら

馴染みのスーパーで

手際よく野菜をあつめてレジへ向かう

またたくまにコンベアが野菜で埋まる

店員さんは「またいつもの東洋人ね」とそっけない

2人が帰ってきたころには
もう日が暮れていた
爆音でシカゴハウスをかけながら
ユウがトイレを掃除している

大部屋もキッチンも片付いて
冷蔵庫にはズラッとビールが並んでいる

ミヒャエルとリリーが
10代の男の子をたくさん連れてやってきた

混乱した母国をあとに
つい最近ドイツへやってきた少年たち
飛び交うドイツ語、ダリー語、アラビア語、日本語、英語…

一気に賑やかになる

ミノルが包丁とまな板をもってきた
みんなで野菜を切る

手つきが危ないとヒロがすかさず
日本の伝統「猫の手」をやって見せる

野菜の名前をダリー語で覚えようと
しきりに質問するミノル

「わ～！遅れてゴメ～ン！！」
ビアンカが入ってきた
色とりどりの香辛料を抱えて

彼女が今日のコック
つくるのはインドカレー
ガス台に火をつけてパワー全開で
野菜を炒めだす

ヒロは切った野菜を全部使おうという

ビアンカは量が多すぎるという

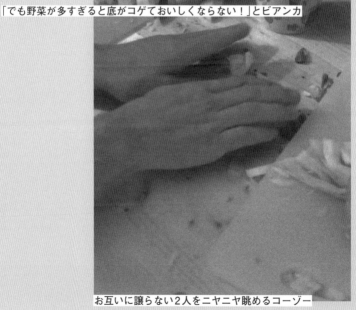

「来てくれる人全員が食べられるようにたくさんつくらないと！」とヒロ

「でも野菜が多すぎると底がコゲておいしくならない！」とビアンカ

お互いに譲らない2人をニヤニヤ眺めるコーゾー

大部屋でゲオルギがギター片手に歌いだす

ピアニストのパコが合いの手を入れる

隣にじっと座っていたトゥーレがおもむろに口を開く

ビール片手にフランス語でラップをかます

"人が理解しないものを手に入れなければならない
俺はアンダーグラウンドの力を手にしている"<sup>＊</sup>

＊ 翻訳: shunsuke ito　映画『ひびきあうせかい RESONANCE』より

近所のわんぱく坊主たちがやってきて
ロウソクに火を灯す

テーブルではチェスの対決中
初心者なのに飲み込みが早いムハンマド
「え！あーミスった」
悔しそうにつぶやくマリウス

キッチンから美味しそうなスパイスの香りが漂ってきた

40㎡の小さな空間に1人、また1人とあつまってくる
友だちと合流してハグする人
静かに辺りを見まわすのは初めて来た人
お腹を空かせて「いつまで待たせるのよ！」と殺気立つ人も

「できました！どうぞ！」
ビアンカが大部屋に向かって大声で叫ぶ
歓声と拍手が上がった途端
キッチンへと長い行列がのびていく
お皿はすぐ足りなくなりそうだ

シューナーさんもごはんを取ってきた
少年たちはすぐにソファ席を譲る
少し食べてからいつもの昔話

「空襲のとき僕はまだ子どもだった
ライプツィヒ駅が燃える姿、怖いとは思わなかった
火がとてもきれいだったからね」

トモコが隣でうなずきながら真剣に聞いている

夜が更けてきた
3人のジャズマンがゆっくりと
楽器を奏ではじめる

ふっと、おしゃべりがやんで
部屋の空気が変わる

外ではアイゼンバーン通りを
冷たい風が通り抜けていく
ライプツィヒに長い冬が近づいている

キノコストーブをだしたユウが
ガス缶をつなぎ火をつける

部屋から溢れた人びとが
暖を求めて
モゾモゾあつまってくる

火を囲んで食べる
できたてのカレーはあたたかい
でもやっぱり少しコゲていた

Contents

目 次

# 3章 ｜ 日本の家：まちを「つくりつづける」素人の暇人たち ···· 155

# 序章

# 都市の〈隙間〉
# とはなにか

## 都市の〈隙間〉からまちをつくる
## ということ

　ドイツ中部、人口約60万人の都市ライプツィヒ（2019年1月時点）。そのメインストリートの一角に、［日本の家］があります。イベントスペースは約40㎡と手狭であるにもかかわらず、週に150人前後、年に総勢7,000人があつまる、ライプツィヒでは名の知れた交流拠点。毎週2回開催されている「ごはんの会（Küche für Alle）」では、近隣に住む子どもからお年寄り、旅人、アーティスト、ミュージシャン、学者、学生、難民と、世界のさまざまなところから来た言語も文化も宗教も年齢も性別も異なる人びとが集い、共に料理をし、食べ、飲み、歌い、語り合い、学び合う。そんな瞬間が積み重ねられています<sup>(p.2〜26参照)</sup>。

　今でこそ［日本の家］は、「社会的包摂（Social Inclusion）」を実践するコミュニティ・スペースとして国内外のメディアで紹介され

るようになっていますが、2011年の立ち上げメンバーはわたしを含む数人の日本人、つまり外国人。しかも、企業や大学や行政とのコネクションや資金力があるわけでも、まちづくりの知識や経験があるわけでもない素人グループでした。カネもコネもノウハウもないわたしたちがなぜ、ライプツィヒを代表するような交流拠点を創り出すことになったのか。その鍵となったのが、この本のキーワードである都市の〈隙間〉なのです。

1990年代に起きた人口の急減で、ライプツィヒの不動産価値は暴落。市内に次々と空き家や空き地が出現しました。人口減少と空き家・空き地問題は近年の日本でもさかんに取り沙汰されていますが、ライプツィヒは一足先にそれを経験します。不動産市場が機能しなくなるなか、ライプツィヒはいかにして空き家や空き地といった「やっかいな空間」を解決したのか、という点に関心が集まり、日本にも「不動産市場を『正常化』させて都市再生に成功した優等生」として紹介されてきました。

しかし、ライプツィヒのまちづくりの現場にいたわたしからすると、「不動産価値のない空き家・空き地は、都市にとって無用なものであり、問題であり、解消すべきである」と一面的に捉えることは、間違いです。なぜなら、廃れたまちを自らの手で再生しようと立ち上がった住民たちが、都市農園、子どもの遊び場づくり、芸術文化拠点といった多様な活動を展開するうえで、不動産市場にも行政にも見捨てられた空き家・空き地がとても重要な役割を担っていたことを目の当たりにしたからです<sup>(2章を参照)</sup>。なにより、わたしたちの活動［日本の家］は、衰退商店街の一角で長年放ったらかしにされていた空き家を、家賃無料・現状復帰義務無しで好き放題に使うことができたからこそ始まりました<sup>(3章を参照)</sup>。

ですから本書は、**不動産市場や都市計画の力が及ばない都市空間**

に着目し、そこで生じたことを丹念に追っていくことから始めます。このような空間を、市場や行政によるコントロールの隙間に落ち込んでいる、という意味合いから、**都市の〈隙間〉**と名付けることにします。現代を生きるわたしたちは、いつのまにか、都市空間といえばすべからく「市場で取引されるべきもの」あるいは「行政によって整備されるべきもの」だと思い込んでいないでしょうか。しかし考えてみれば、取引されたり整備されたりするずっと前から空間は存在しているわけで、結論をすこし先走って言ってしまえば、〈隙間〉はそうした現代社会に規定された諸々によって見えづらくなっている「空間本来の姿」なのです（終章を参照）。

　この本は「空き家・空き地に対してどのような利活用の施策を打ち出すべきか」という都市計画的な解法を示すわけでも、「空き家・空き地の不動産価値をいかに上昇させ、市場にもどすか」といういわゆる不動産リノベーションの解法を示すわけでもありません。そうではなくて、不動産市場からも都市計画からも見放された都市の〈隙間〉こそが、人びとが自らの手であらたなアクティビティをおこし、まちをつくり変えていく舞台となるのだという視点から、〈隙間〉に生じた人びとの蠢きをじっくりと紐解き、これからの都市を考えていくことを目的としています。

# 空き家・空き地を
# 「問題の解決」で語る限界

　都市の〈隙間〉に着目するうえで、まずは現在用いられている空き家・空き地問題の解決方法を把握しておきましょう。ここでは、「**不動産活用で"稼ぐ"**」、「**公益的空間として"整備する"**」「**歴史的建築物として"保存する"**」「**"無くす"**」の4つに整理します。

## 方法1. リノベーションして「稼ぐ」(市場的価値に基づく再生)

　空き家・空き地を活用されていない不動産＝遊休不動産とみなす。改修・用途変更してあらたなコンテンツを入れ込み、不動産的な価値を高めて、再び市場に流通させるという方法。地域の空き家・空き地をあらたに「稼げる空間にする」ことで、地域のエリア価値を上昇させることを目指す。

## 方法2. 公益施設として「整備する」(公益的価値に基づく再生)

　行政や公益財団などが、空き家・空き地を公益的な目的のために再び整備するという方法。使われなくなった学校などの公共施設を高齢者施設、自然体験施設、芸術文化拠点などあらたな地域のニーズに対応した施設として再生したり、民間の空き家を保育施設や福祉施設として整備するなど。近年では特に、公益的な施設の運営に市場性をもったサービスを組み合わせる、方法1.と2.を合わせる「公民連携」というアプローチが注目されている。

## 方法3. 文化財として「保存する」(歴史的価値に基づく再生)

　文化的・歴史的に重要な建築を保存する方法。ただし保全改修のための補助金だけで建物を維持することは難しい。歴史性がもたらす付加価値を活かしてカフェ、レストラン、宿泊施設などへとリノベーションすることで不動産としての市場性を高めたり、博物館や歴史資料館などの公益的施設として「動態保存」しながら活用するなど、方法1.と方法2.のオプションとなっている。

## 方法4. 無くす

　長期間にわたって放置されてしまった空き家を、倒壊の危険性や防犯の観点から「撤去する」というもの。行政が所有者に対し

て取り壊しのための助成金を拠出する制度が近年整備されている。空き地に関しても再開発せず、自然に返す「間戻（かんれい）」を行う。

　大体の空き家・空き地の再生は上に記した4つの方法を用いているはずです。しかし、再生の手法以前に、そもそもなぜ空き家は空き家となってしまったのか、という原因まで遡って考えてみると、一筋縄ではいかない現実が見えてきます。

　ある衰退地域に立地する空き店舗を例にとってみましょう。そのままの状態ではとても家賃収入は見込めませんし、どれだけうまくリノベーションしても借り手がつかず資金が回収できません。それなりに古い建物で、歴史的価値が無いわけではないものの、かといって重要文化財になるようなレベルではない。一方わざわざ（お金をかけて）取り壊すほど傷んでいるわけでもなく、所有者も壊すのは忍びないと思っている。つまり「**稼げない、整備できない、保存できない、無くせない**」空間として、都市空間に取り残されているのです。これはほかにも、接道が無いために取り残されている斜面地の空き家、上モノを取り壊したあと需要がなく放置されている住宅地の空き地、操業は終わっているもののリノベーションにも取り壊しにも費用がかかるので放置されている工場など、さまざまなケースが考えられます。このような「中途半端」な空き家や空き地が、都市に大量かつランダムに発生していることが空き家・空き地「問題」の本質なのです。次頁の図でいえば、政策的にあるいは不動産的になにかしらの「対策」をとることで解決を図ろうとしても、グレーゾーンを脱することができずフラフラとそこに漂っている多数の空間があるわけです。ですから、空き家・空き地を「問題」と捉えて、解決方法を探すアプローチには、どうしても限界があるのです。

　この「**稼げない、整備できない、保存できない、無くせない**」中

途半端な空間こそが、まさに都市の〈隙間〉です。不動産的・政策的に「解決する」ことが難しい都市の〈隙間〉。ならば「解決」を拙速に追い求めるのではなく、今実際に存在する〈隙間〉でなにが生じ、あるいは生じうるのかをじっくり観察することから始めてみてはどうでしょう。つまり、下図のグレーゾーンに漂っている不明瞭な空間＝〈隙間〉たちを「正常な状態」へと救出する方法を追い求めるのではなく、〈隙間〉そのものに着目し、そこでおこる蠢きを丹念に紐解いていくことで、これからの都市を考える手がかりを見いだそう、という試みです。

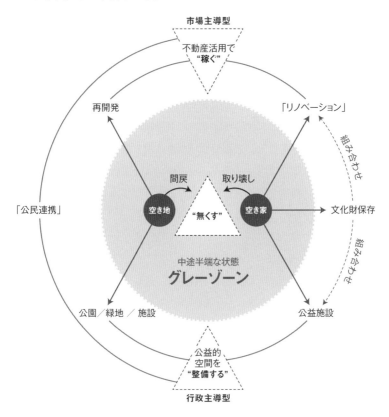

# アリになって都市の〈隙間〉に
# 潜り込んでみよう

　では、都市の〈隙間〉に迫っていくには、どうしたらよいでしょうか。タカとアリの2つ視点で例えてみます。タカの視点は、空から全体をまんべんなく見回し、予測と計画を立て、未来に対して最適解を探すときに役立ちます。都市計画などを専門とするみなさんは、タカの視点で都市を見渡すことを求められる場面が多いはずです。しかし人口の急増減や都市住民の多様化など、これまで経験したことの無い急激な変化が都市を襲うなか、未来は不確かで見通しづらいものになっています。山にモヤがかかるように、先行き不透明な状態では自慢の目が使えず、タカの視点だけで最適解を探り当てるのは困難です。

　一方、同じ状況をアリの視点から見てみると、そこにはタカの視点からは見えないさまざまなリアリティがあることに気づきます。アリたちはモヤのかかった山の中で、さまざまな変化にさらされつつも、地表を這いずりまわり、岩陰や木の根元に〈隙間〉を見つけてはそこに巣をつくり、知恵を出し合い、頭と手を動かし、ネットワークを広げ、たくましく蠢き、生きています。タカの視点からは絶望的な状況に思えても、アリの視点で見てみると、ワクワクするような発見が潜んでいるのであり、それがこれからの都市を考えるうえで重要な示唆を与えてくれるのです。

　ですから山にモヤがかかっているときは、タカの視点だけでなく自分自身が1匹のアリとなって、〈隙間〉に入り込み、ほかのアリと関わり合いながら、触覚を存分に広げて右往左往してみる必要があるのです。この本はそんなアリの視点でこれからの都市を考えていきます。

本書は全5章からなります。

　1章は、〈隙間〉をめぐり繰り広げられた、ライプツィヒの行政と住民間のダイナミックなやり取りの歴史について。1990 ～ 2020年までの30年は、予測不能な社会変動の連続でした。激しい状況変化に振り回されながらも、なんとか都市が破綻しないように緊張感をもって大胆な政策をうっていった行政と、〈隙間〉に価値を見いだした住民たちの間で繰り広げられた対立と協調を軸に見ていきます。

　2章は、5つの住民主体の事例について、活動遍歴と運営の舞台裏に着目します。子育て、環境問題、文化芸術など多様なテーマで活動するこの5つの事例は、すべて都市の〈隙間〉から始まり、いまやライプツィヒを代表するプロジェクトとなっています。

　3章は、筆者が仲間と共に立ち上げた、ライプツィヒ［日本の家］の活動を現場の視点から丹念に追っていきます。特に有機的に再編されつづける運営者たちのつながりの変化がポイントです。［日本の家］という、10年弱にわたって繰り広げられた、あるアリの巣における人びとの蠢きを、当事者の視点から探求しています。

　1章から3章まで、ライプツィヒの〈隙間〉をアリの視点で這いずり回ることで得られた知見をもとに、都市にまつわる多様な言説を参照しつつ、〈隙間〉の存在が都市の未来になにをもたらすのかを終章で論じていきます。

　さ、準備ができました。ここからしばらく、ライプツィヒの都市の〈隙間〉で生活し、活動し、蠢いてきた1匹のアリであるわたしの視点にお付き合いください。どこでもドアでライプツィヒに飛び、スモールライトでアリになって、都市の〈隙間〉をめぐる旅に出発しましょう！

# 1章

# 都市の〈隙間〉を巡る
# ライプツィヒの30年史

# ライプツィヒにようこそ!

　序章では、都市の〈隙間〉に着目する理由について簡単に述べました。1章では1990年から2020年にかけての30年間、急激な変化に振り回されつつも、さまざまな実践を積み重ねてきたライプツィヒの都市政策と住民の活動とのやり取りを紐解いていきます。

　約60万人の人びとが暮らすライプツィヒは、国内で8番目に人口が多く、ザクセン州内でも州都のドレスデンを凌ぐ規模をもちます。中世以来、商業と交易で栄え、ゲーテ、ニーチェ、ワーグナーなど多くの著名人が活躍しました。歴史の古さではドイツ指折りの大学であるライプツィヒ大学をはじめ多くの高等教育機関が立地し、森鷗外や滝廉太郎が留学していたことでも知られています。市内中心部のトーマス教会には、ヨハン・セバスティアン・バッハのお墓があり、世界中から多くの音楽ファンが訪れる由緒ある歴史都市です。

　そんなライプツィヒの都市を語るうえで欠かせないのが「グリュンダーツァイト」という時代です。都市が一気に工業化した19世紀末から20世紀初頭を指し、日本語では「泡沫会社乱立時代」と訳されることもある、いわば近代化に伴うバブル期です。それ以前は数ある地方都市のひとつに過ぎなかったライプツィヒですが、地理的な条件が良かったため、紡績、鉄鋼、出版といった産業が興隆し、1880年代から都市人口が急増。1930年代には人口が70万人を超え、国内ではベルリンに次ぐ規模を誇る都市となり、ドイツの近代化と産業力を象徴する都市として世界中にその名を轟かせました。この変化は都市空間に大きな変化を与えました。現代のライプツィヒのまちを歩くと、いたるところにアールヌーボー、アールデ

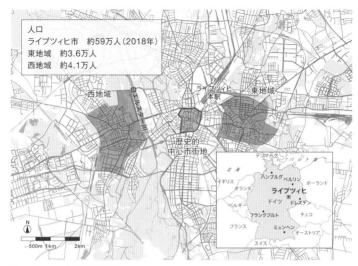

人口
ライプツィヒ市　約59万人（2018年）
東地域　約3.6万人
西地域　約4.1万人

ライプツィヒの位置と東西地域

典型的なグリュンダーツァイトの建物群（西地域）

コ、新古典主義などの瀟洒な装飾が施された、3〜5階建ての集合住宅がズラッと立ち並ぶ風景を見かけます。これらはすべて、グリュンダーツァイト時代に建設された、築100年前後の「グリュンダーツァイト建築」です。特に東地域と西地域は、増えつづける労働者の居住地として、当時の資本家によって一気に開発された新興住宅街であるため、地区のほとんどの建物は典型的なグリュンダーツァイト建築となっています。そのほかにも、この時代には運河、鉄道、道路、路面電車、工場地帯、公園などが次々と整備されました。現在のライプツィヒの都市の骨格は、約100年前のグリュンダーツァイト時代につくられたといっても過言ではないのです。

第二次世界大戦ののち、ライプツィヒは共産主義のドイツ民主共和国、いわゆる東ドイツに組み込まれます。東ドイツ政権は首都ベルリンへの一極集中を目指したため、ライプツィヒの発展は意図的に抑制され、人口は横ばいとなり、1970年代からは減少に転じま

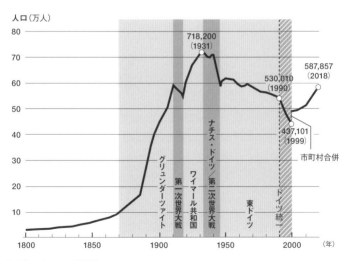

ライプツィヒの人口推移*1

す。郊外にあらたな工場や団地が建設される一方、旧市街地のグリュンダーツァイト建築は「悪しき資本主義時代の象徴」であるとして政策的に冷遇され、補修や改修が施されることなく老朽化していきます。郊外に最新鋭のセントラルヒーティングが整った新築の住宅が次々と建設される一方で、旧市街地は旧式の暖炉しか無い隙間風が入り込むボロボロのグリュンダーツァイト建築が取り残されている、という状況でした。これが1990年代以降、グリュンダーツァイト建築が都市の〈隙間〉となる下地となっていったのです。

# 30年間外れつづけた人口予測

　さて、ここから1990年以降を4つのフェーズ（1990年代、2000年代前半、2000年代後半、2010年代）に区切って、各時代の都市政策と住民の動きに着目していきたいと思います。

　細かい話を始める前に、まず1990年から2020年までの30年間の人口予測の変化と、実際の人口推移を示す次頁のグラフに着目してください。1990年、東西ドイツが統一します。東ドイツの共産主義政権が倒れ自由市場経済へと移行することで、ライプツィヒは成長することが見込まれ、不動産バブルがおこります。しかし予想に反して1990年代に都市は衰退し、10年間で10万人という途方もない人口減少に見舞われます。これを受けてさらなる縮小は避けられないと、1990年代後半には悲観的な人口予測が立てられます。しかし2000年代前半、予想に反して人口が下げ止まります。これを受けて2000年代後半の予測は今後人口が安定すると修正されました。しかし2010年代前半には一転して人口が増加し始めます。そこで人口予測も増加の方向に軌道修正されますが、なんと2010年代後半にはその予測すら大幅に上回る人口増がおこったのです。

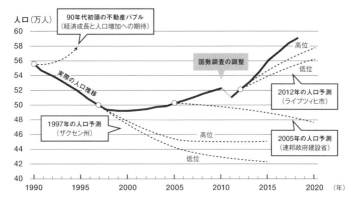

人口予測と実際の人口推移[*2]

　早い話、**ライプツィヒの人口予測はここ30年間外れっぱなしです。**ただし予想を立てた専門家の方々の名誉のためにいっておきますが、これは決して彼らが無能だったというわけではなく、それくらい予測し難い変化が次々とおこったことを意味します。この30年間の目まぐるしい変化は、人びとの暮らしやまちになにをもたらしたのか。都市の〈隙間〉に着目しながら、各時代を追っていきましょう。

# 前史：革命世代と英雄都市ライプツィヒ

　1990年代をご紹介する前に、それ以前の東ドイツ時代を少し振り返っておく必要があります。毎年、冬の足音が近づく10月9日、ライプツィヒ中心部のマルクト広場では「光の祭典（Lichtfest）」と名付けられた式典が開催されます。イルミネーション、コンサート、パフォーマンスなどで彩られ、ライプツィヒ内外から数万人の人びとがあつまる賑やかなイベントですが、じつはこれ、1989年

10月9日にライプツィヒの市民たちが、文字どおり決死の覚悟で実施した民主化デモを記念するものなのです。

ことの始まりは、1980年代後半、市内中心部にあるニコライ教会というこぢんまりとした教会。ライプツィヒは当時、共産主義の一党独裁政権が支配する東ドイツの一部でした。言論の自由や報道の自由が厳しく制限されるなか、教会は人びとが比較的自由に意見と情報を交換できる、唯一ともいえる空間であり、ニコライ教会でも毎週月曜日のミサにあつまった人びとが、終了後に宗教だけでなく、環境、教育、政治、国外の状況などを話し合っていました。参加者が増えて教会内が手狭になると、教会の前の空間でたまって話し合うようになります。さらに参加者が増えると、今度はみんなで一緒に市内を練り歩くようになります。ただし、東ドイツでは、反体制的な「デモ」は警察の弾圧に遭い、逮捕され、拷問を受ける人びとが多数いました。ですから、(もちろんこれは民主化と自由を求める市民の意思表示ではあったのですが) プラカードや大声で訴えることはせず、あくまで人びとは一緒に「散歩」しながら、まちを練り歩いたのでした。最初は数十人で始まった「散歩」でしたが、独裁政権にうんざりしていた人びとが次々と参加し、回を重ねるご

1989年10月にマルクト広場にあつまり民主化を求める人びと

©Stadt Leipzig

とに、数百人、数千人と規模がどんどんと大きくなりました。そして1989年10月9日、ライプツィヒの「月曜デモ」には約7万人の人びとが参加し、旧市街地の広場を埋め尽くすまでになったのです。これだけ規模が膨らむと、警察や軍隊が出動して強制的な弾圧に乗りだす恐れもありました。同年6月には北京で天安門事件が発生しており、ライプツィヒもベルリンあるいはモスクワの判断しだいでは流血事件になる可能性があったのです。しかし当時のソ連政府（ゴルバチョフ政権）は武力弾圧に否定的だったため、この「月曜デモ」は1人の逮捕者も出ませんでした。このデモが平和的に成功した知らせは、またたく間に東ドイツ全体に広がり、ベルリン、ドレスデン、ポツダムなどの主要都市で相次いで大規模なデモがおこり、最終的にはベルリンで100万人もの人びとがあつまるデモが行われました。これが当時の政権に大きなプレッシャーを与え、ライプツィヒの7万人デモのちょうど1ヶ月後である1989年11月9日に、ベルリンの壁がなし崩し的に崩壊したのでした。この一連の政変はすべて平和的に行われたことから「平和革命（Friedliche Revolution）」と名付けられます。またライプツィヒは、最初に革命のために立ち上がったことから「英雄都市（Heldenstadt）」と呼ばれるようになったのでした。


## 1990年代：

# 縮小都市、ライプツィヒはまだ救えるか？

　1990年10月3日、東西ドイツは統一されます。統一ドイツを象徴する首相だったヘルムート・コールは当時のスピーチで、旧東ドイツ地域は自由主義経済に移行することにより「花咲く野原のように栄えるだろう」と高らかに宣言しました。実際、東ベルリン、

ライプツィヒ、ドレスデンなど旧東ドイツの主要都市では統一後、成長への期待が高まり、投機が加熱して地価が上昇、不動産バブルにわきます。「ライプツィヒ来たる！」とは、1990年代前半に市が外部からの投資を喚起するために使っていた標語

「ライプツィヒ来たる！」の標語とリノベーション中の歴史的中心市街地の建物（1990年代前半）
©Joachim Rosse

ですが、その言葉どおり、中心部のオフィスの建設、郊外の住宅開発、ショッピングセンターの建設などが次々とおこりました。

　ところが、蓋を開けてみるとこの1990年代、ライプツィヒでは10年間で10万人の人口が減少するという、前代未聞の衰退がおこります。主な理由は主要産業の崩壊でした。採炭や製造業をはじめ、東ドイツ時代に計画経済で成り立っていた産業は、自由経済のなかで競争力を失い、大規模な工場から町工場まで、次々と事業規模の縮小や倒産を余儀なくされます。東ドイツ時代は名目上0％だった失業率は一気に30％台にまで跳ね上がり、労働者や若者たちは西ドイツに仕事を求め、ごっそりとライプツィヒから離れていきました。

　この人口流出のあおりをもろに受けたのが、労働者が多く住んでいた市内の東地域と西地域でした。特に東地域では10年間でじつに1／3の人口を失います。2000年時点の空き家率は市全体で20％超、東地域の一部の地区では50％超となります。そもそも東ドイツ時代からメンテナンスが行き届いていなかった東西地域のグリュンダーツァイト建築は、空き家になることでさらに崩壊が加速します。1989年から1991年にかけてつくられたライプツィヒの状況を伝えるドキュメンタリー映画3部作「ライプツィヒはまだ救えるか？[*3]」では、これらの地区に取り残された人びとにスポット

が当てられています。ボロボロとなった住宅の惨状、デコボコのままの道路、借り手のつかない商業店舗、放置された教育や福祉の問題。「統一したら生活がよくなると思っていたのに」「問題は山積みなのに行政はなにもしてくれない」と失望を口にする人びとの様子が報道され、体制転換による行政サービスの混

ドキュメンタリー映像
「ライプツィヒはまだ救えるか?」[*3]

乱がまざまざと映しだされています。

　このように、1990年代は都市中心部で短期的な不動産バブルがおこった一方、東西地域をはじめいたるところで都市の衰退が訪れました。折しもこの時代、世界各国のポスト重工業都市で産業衰退と人口減少が顕在化し、2000年代初頭にこれらの都市は「縮小都市」というキーワードで呼ばれるようになります。ライプツィヒはドイツの、そして欧州の「縮小都市」の代表格として、さまざまなメディアや学術研究で取りあげられるようになりました。

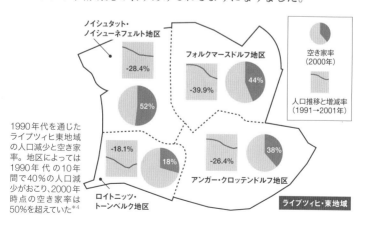

ノイシュタット・
ノイシューネフェルト地区
-28.4%
52%

フォルクマースドルフ地区
-39.9%
44%

空き家率
(2000年)

人口推移と増減率
(1991→2001年)

1990年代を通じたライプツィヒ東地域の人口減少と空き家率。地区によっては1990年代の10年間で40%の人口減少がおこり、2000年時点の空き家率は50%を超えていた[*4]

-18.1%
18%

ロイトニッツ・
トーンベルク地区

-26.4%
38%

アンガー・クロッテンドルフ地区

ライプツィヒ・東地域

## 2000年代前半：

# 都市に穴をあける「穿穴都市」政策

## 出口の見えない衰退とあらたな都市戦略

　英雄都市から縮小都市へと「転落」したライプツィヒ。このとき都市計画の分野で行政に求められたことは、市内のあちこちでおこる都市空間の衰退に対処することでした。まず、市内で建物の改修が必要な地区を洗いだし、その所有者に対して改修の費用を助成するというプログラムを始めます[*5]。しかし、不動産需要がある地区ならまだしも、東西地域のような不動産需要が皆無で市場が全く機能しなくなっている地区では、いくら改修に助成金がつこうとも借り手や買い手がつかず、改修費用を回収できる見込みがありません。よって積極的にこのプログラムを利用する所有者は少数にとどまりました。特にグリュンダーツァイト建築の多くは状態がひどく、改修するには多額の費用がかかることも所有者を諦めさせる要因となっていました。こうして多数の老朽化したグリュンダーツァイト建築は、為す術なくただ朽ち果てていき、廃墟が増えることでますます地区のイメージが悪化し人口減が加速する、という悪循環に陥ったのです。

　これを断ち切るべく、ライプツィヒ市が2000年代初頭にあらたに掲げた都市戦略が「穿穴都市（Perforierte Stadt）」です。穿穴都市とは、穴を穿つ、つまり都市に穴を開けていくという戦略です[*6]。この都市戦略が画期的であった理由は2つあります。第一に今後も人口減少が続くことを前提とした「**最悪のシナリオ**」を示したこと。第二に「最悪のシナリオ」でも地区の住環境が保たれるように、都市に積極的に穴を開けるという「**逆転の発想**」を打ちだし、実行し

たことです。2つのポイントをそれぞれ解説しましょう。

## 戦略①「最悪のシナリオ」を市民と共有する

　まず「最悪のシナリオ」については、2002年に東地域、2004年に西地域において「概念的地区計画（KSP）」が示されました。それぞれの地区の空間構造、空き家率、人口動態などのデータを提示したうえで、街区単位で「保持」「場合によっては取り壊し」「積極的な取り壊し」など5段階に分類された地図を提示しました。特に東地域に関するシナリオでは、10％の建物を取り壊すシナリオと30％の建物を取り壊すシナリオの2つが示されました[*4]。

　このシナリオが大胆なのは、個々の建物がわかるくらい詳細な地図の上に、取り壊しから保全までの各段階を明示した点です。つま

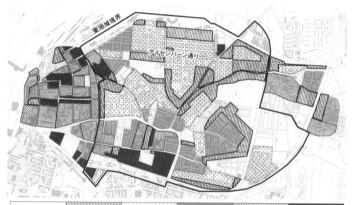

| 対策 | 取り壊す | 穴を開ける | 保持する | ポテンシャルを高める | 強化する |
|---|---|---|---|---|---|
| 不動産需要が上昇する可能性 | × | × | △ | ○ | ◎ |
| 街区の特徴 | 不動産需要が全く見込めず取り壊す必要がある街区 | 不動産需要が見込めないので状況に応じて穴を開ける街区 | 不動産需要はあまり見込めないが都市の構造を維持するためなるべく保持する街区 | 不動産需要が見込める将来性のある街区 | 都市の骨格となっている最も重要な街区で不動産需要も安定している |

東地域における概念的地区計画（2002年）より30％建物をへらす場合のシナリオ[*4]

り「Aの街区は建物の品質が高いし都市の構造上必要だから残しましょう。Bの街区はもう諦めて取り壊しましょう」といった非常に明確なメッセージが見て取れるのです。もちろんドイツでも不動産の処分権は所有者にありますから、このシナリオで取り壊し地区になっているからといって、所有者に取り壊しを強制する法的な権限はありません。それでも市が所有者に対して「あなたの建物にはもう未来がありませんよ」という余命宣告を突きつけるようなものです。市の担当者によれば、このシナリオの反響は大きく、なにかしらの対策を取らないといけないと焦った所有者や、反発する住民から多くの連絡があったといいます。

## 戦略②「逆転の発想」で都市に穴をあける

「最悪のシナリオ」という大胆な未来予測を市民に示したのはいいとしても、問題はそのシナリオに対してどのような対策を取っていくかです。普通に考えれば「最悪のシナリオ」が現実のものとならないために、人口を増加させようとか、建物の改修にもっと助成金を出そうとかいう無難な話になりそうですが、ライプツィヒは違いました。「最悪のシナリオ」が現実のものになることを本気で想定し、不要な建物を積極的に取り除いていきます。つまり「穴」を塞ぐのではなく、むしろ積極的に「穴」を開けていくことで都市のあらたな魅力を創造するという「逆転の発想」をとったのです。

まず始めに、不動産市場に見捨てられた建物の取り壊しが行われました。とりわけ大きな役割を果たしたのが、2001年に開始された連邦政府と州の都市開発助成金「都市改造・東（Stadtumbau Ost）」です。これは取り壊しを希望する不動産所有者に対し、平米あたり60〜70ユーロの助成で取り壊しを促進し、供給過多を是正することで、健全な住宅マーケットを再生するのが目的でした。

この助成金によって2013年までに約1万3,000戸が取り壊されました。取り壊された建物のうち、7割は東ドイツ時代に建設された団地でしたが、残りの約3割はグリュンダーツァイト建築を含む第二次世界大戦前に建設された建物でした。

　さて、取り壊したはいいものの、その跡地をどうするかという問題があります。新築を建てるような需要は当然ありませんから、空き地の状態になります。そこで市は、空き地となった土地を所有者にとりあえず公共の緑地として整備してもらう「利用許諾協定」というプログラムを2000年から実行します。これは市が所有者に対して建物の取り壊しへの助成やその後の土地に対する税制優遇を行う代わりに、所有者が緑地を造成し、5年から10年ほどの期間その維持管理を担うという、暫定的な緑地をつくりだすプログラムです。これはあくまで短期の、つまり恒久的な用途が決まるまでの「つなぎ」であり、いずれ状況に応じて市が買い取って恒久的な緑地にすることや、不動産価値が上昇に転じた場合には所有者が再び開発を行うことが想定されていました。所有者としても、税制優遇を受けている期間、不動産市場の動向を見極める猶予が得られるので、十分経済的にメリットのあるプログラムでした。これによって2012年までに、市内に261ヶ所（16.7ha）、東西地域に146ヶ所（8.08ha）の暫定的な緑地が誕生します（コラム2・p.86「暫定緑地」を参照）。こうして、地

建物の取り壊し（左）と暫定緑地の整備（右）

©Stadt Leipzig

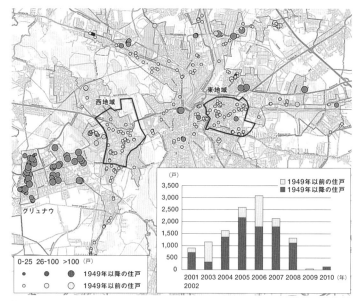

セ

「都市改造・東」によって取り壊された住戸。東西地域では主に1949年以前の住戸が取り壊され、その多くがグリュンダーツァイト建築だった*7

区にとってマイナスな存在となっている建物を取り壊し、その跡地に緑地を挿入することで、地区の住環境を向上させる手法が確立したのです。

2000年代後半：

# 空き家・空き地で盛り上がる住民の活動

## 「穿穴都市」への批判：取り壊しよりも保全を優先するべき

　2000年代初頭から「穿穴都市」が実行に移され、建物がどんどんと取り壊されていったライプツィヒ。これに対して、西地域の住民から辛辣な批判の声が上がります。「穿穴都市」により東西地域に存在する多くのグリュンダーツァイト建築も取り壊されてい

55

きましたが、前述したようにこの築100年前後の建物は、ライプツィヒの景観を形づくる「顔」。一度壊すと取り返しがつきません。まちのアイデンティティが失われてしまうことへの住民の危機感は、2003年に西地域のメインストリートに面したランドマーク的存在の住宅が取り壊され、その跡地にまったく面白みの無い「暫定緑地」が現れたことをきっかけに爆発します。地元住民、建築家や歴史家、弁護士、学生らが市民団体「都市フォーラム（Stadtforum Leipzig）」を結成し、意見書*8をまとめ、市議会に圧力をかけたのです。その主張は、「70ユーロ／㎡という大金を公費で拠出するのなら、それを貴重な建物の取り壊しに対して使うのではなく、建物の保全に使うべきである」というもので、「暫定緑地」についても、「都市のいたるところに無意味な空き地が散在するようになっただけで、住環境の向上にはなんの役にも立たない。それどころか統一感のあった通りが歯の抜けたような醜い景観になってしまっている」というものでした。たしかにまちの一角が取り壊されたと思ったら、犬のフンやゴミが放置され、「憩いの場」とは程遠い殺風景な「緑地」になっただけ、という例が多く見受けられました。「都市フォーラム」は、市に対してロビー活動を行い、建物の保全のための助成金の増額や「穿穴都市」政策の見直しを迫りました*9。

問題になった西地域のグリュンダーツァイト建築の取り壊し（左）
それに反対する市民団体のデモ（右）

©Stadtforum ／ ©Pro Leipzig

## 不動産価値も歴史的価値も無い空き家を救うには?: 「家守の家」の誕生

「ライプツィヒの景観を形成しているグリュンダーツァイト建築は、保全できるものならなるべく多く保全したほうがよい」という意見には多くの人が同意します。しかしながら、不動産需要が皆無であるため改修するインセンティブがはたらかず、かといって際立った歴史的価値があるわけでもない建物を公費で全面的に保全することは不可能です。

そんな不動産的価値も歴史的価値も無い空き家を救うにはどうしたらいいのか。この命題に対し、主に西地域で活動していた市民団体 (リンデナウ地区協会) のメンバーを中心に、建築家、歴史家、行政職員、学生などがあつまって立ち上げたNPO法人がハウスハルテンでした。その合言葉は「利用による保全」。つまり、「空き家を使いたい人に使ってもらう」のです。

空き家の所有者にとっての最大の問題は、その管理です。空き家を放置しておくと、雨漏り、カビ、ネズミ、虫、インフラの老朽化などで取り返しのつかないダメージを受けることになります。また、衰退地域では、空き家でドラッグパーティが行われたり、ドアや窓ガラスが割られたり、建具が盗難に遭ったり放火されたりと、ヴァンダリズムの温床となります。ただでさえ状態の良くない建物の崩壊が、ますます早まってしまうのです。よって空き家の所有者としても、信頼できる人に管理してもらえるのは大きなメリットとなります。そこでハウスハルテンは2005年から「家守の家」というプログラムを開始します。これは、所有者から依頼を受けたハウスハルテンが、そこを利用したい人を募集し、所有者と利用者を仲介するというもの。所有者と利用者は概ね5年

程度を期限とした暫定利用契約を結びます。所有者は無償で物件を管理してくれる人を得ることができ、利用者は無償で物件を使うことができます。契約により原状復帰義務が課せられないため、利用者は期間中に自分の生活や活動に合わせて自由に空間を改変できます。所有者は契約期間が終了したのち、改修して不動産市場に戻してもよし、利用者との暫定利用契約を継続してもよし、取り壊してもよし、ということで、所有物件の価値を探る猶予期間を得られるのです。このように、所有者と利用者相互にメリットがある Win-Win の状態をつくりだすことが、ハウスハルテンのミソなのです（詳しくはコラム3・p.88「家守の家」を参照）。

　2005年のプログラム開始から10年で市内17ヶ所の空き家が「家守の家」となり、そのうち14ヶ所は東西地域に集中していました。これはハウスハルテンが、衰退地域に建つグリュンダーツァイ

ハウスハルテンの「家守の家」のプログラムによって「救出」された建物たち。　©HausHalten e. V.
どの建物にも鮮やかな黄色の垂れ幕がかかっている

ト建築の救出を目的としていたからです。とくにランドマークとなりやすい角地の建物は、景観的に重要である一方で、交通の騒音が大きいため、不動産市場では不利となります。ハウスハルテンは市の協力を得つつ、これらの建物のオーナーにコンタクトをとり、「家守の家」のプログラムを展開していきました。

## つまらない暫定緑地を整備するくらいならわたしたちが使う！

　空き家だけでなく、空き地にも変化が訪れます。前述のように、利用許諾協定によって土地の所有者が整備した「できそこないの暫定緑地」が批判を浴びていました。しかし西地域で子どもをもつ親のグループがこの利用許諾協定をむしろ自分たちのために利用できることに気づきます。それが、2003年から始まった［ロースマルクト通りの中庭］(p.109参照)という活動です。ある集合住宅に住む住民グループが、所有者に掛け合って市と利用許諾協定を結んでもらい、中庭にあった廃工場の取り壊しと緑地造成の予算を得ます。そして暫定緑地の整備と維持管理を自分たちで担ったのです。荒廃していた地区で、子どもたちを安心して遊ばせられる空間がなく困っていた彼らは、暫定緑地のプログラムを利用することで、自分たちの家の中庭に子どもの遊び場をつくることができました。以降、「つまらない暫定緑地を整備するくらいなら、わたしたちに使わせなさい！」と言わんばかりに、子どもの遊び場や都市農園などが暫定緑地に次々とうまれ、2018年までに東西地域だけでも13ケ所以上の暫定緑地が住民の活動に利用されていきます。

　所有者が助成金を得るために「しかたなく」整備する緑地よりも、住民が「自分たちのために」整備する緑地のほうが、緑地としての品質は当然高くなります。またあくまでも「公益的」な緑地を整備することが協定の条件ですから、誰かが独占するような

私的な緑地になるということもありません。所有者としては、住民に維持管理を委託することで、緑地の管理義務から開放され、管理する住民としても自らの好きなように緑地を利用することができます。これは地区の住環境の向上という点から見ても歓迎するべきことで、後に市はこの動きを積極的に支援します。このように、暫定緑地を住民が維持管理することで、所有者、住民、行政の3者にそれぞれメリットがあるという、Win-Win-Winの関係が成立するのです[*10]。

## 小さな民主主義の実践：「革命世代」によるまちづくり

2000年代中盤から始まった住民たちによる空き家・空き地に関する活動ですが、じつは前史で述べた「英雄都市」と深く結びついています。そのエピソードを体現する1人の人物をご紹介しましょう。名前はライナー・ミュラーさん。ハウスハルテンと［ロースマルクト通りの中庭］[(p.109参照)]という2つの重要な活動の母体となったNPO法人「リンデナウ地区協会（Lindenauer Stadtteilverein）」の代表です。

1966年にライプツィヒ近郊でうまれたミュラーさん。敬虔なクリスチャンだった彼は、人びとの思想や信仰の自由を抑圧する東ドイツ政権に疑問を抱くようになります。10代のころから教会をベースにするグループに加わり、民主主義、言論・報道の自由、環境問題、反戦など幅広いテーマで活動していました。当時はインターネットもソーシャルメディアも無い時代。暗号を使ったメモで仲間とやりとりしたり、わかる人にはわかる隠語を使った貼り紙を教会の前に掲示したりしながら、政治的な集会やデモを組織していったといいます。その経歴により当局から目をつけられたため、十分な学力があったにもかかわらず大学への入学を拒否されます。その後大工と

なった彼は、前述の月曜デモの企画運営をはじめ、より一層民主化運動に打ち込むようになります。

　晴れて平和革命により東ドイツ政権が倒れた1990年、ミュラーさんは24歳。「大きな民主主義はこれで達成された。これからわたしたちは個々の現場で小さな民主主義をコツコツと積み上げていかなくてはならないと思った」と当時を振り返ります。その言葉どおり彼は、ライプツィヒの各所で疲弊しきった地区の再生に力を注ぐようになります。1992年にのちのリンデナウ地区協会の基礎となるNPO法人を仲間と共に結成。この仲間の多くも東ドイツ時代に民主化運動に関わっていた人びとで、平和革命後、市役所の職員となったり、教師になったり、大学の研究者になったり、家族をもったりとそれぞれの人生を歩みだしていました。

　リンデナウ地区協会のメンバーは、デメリング通りの、民主化運動のグループがオフィスとして借りていた建物の所有者と交渉し、家賃を払わない代わりに建物を管理する契約を結びます。これをきっかけに「家守の家」のアイデアがうまれ、リンデナウ地区協会のメンバーが主体となってハウスハルテンが設立されました。このデメリング通りの建物は、「家守の家」の第1号となります。またミュラーさんを含めリンデナウ地区協会のメンバー数名が住んでいた家の中庭を、住民自身で管理しはじめたことをきっかけに［ロースマルクト通りの中庭］がうまれました。これが前述のとおり暫定緑地の住民管理例の第1号です。こうしてリンデナウ地区協会は、行政や所有者と交渉し、住民主体で空き家・空き地を活用するというモデルを確立していきました。ほかにも、東ドイツ時代にはメンテナンスを受けられずに廃墟化していた教会の改修を行ったり、地域に市民団体が運営する小学校を立ち上げたりと、ミュラーさんとリンデナウ地区協会の仲間たちは、子育て、教育、文化、福祉など

幅広い活動を繰り広げていきました。

　平和革命を先導したミュラーさんらの世代は、しばしば「革命世代」と呼ばれます。「革命世代」によるまちづくりは、ライプツィヒの各所で行われ、後の住民主体のまちづくりにおける基礎となっていきました。その背景には、「自分の置かれている状況は、自分たちの行動によって変えることができる」という、平和革命を成し遂げた経験からうまれてくる信念があったのです。後述しますが、筆者らが2011年に立ち上げた［日本の家］も、ハウスハルテンから多くのサポートを受けることで実現しました。つまり1980年代の民主化運動を成し遂げた人びとが整備した、住民が自由に使える空間的プラットフォームがあったからこそ、［日本の家］をはじめとした現在のライプツィヒにおける住民たちの活動が成立しているのです。［日本の家］も「英雄都市」以来脈々と続くライプツィヒの市民運動の遺産を受け継いでいる存在なのです。

天安門事件に抗議するデモでのぼりを掲げるミュラーさん（写真左端、1989年）と住民によるまちづくりの現場を案内する同氏（2012年）

## 「ライプツィヒの自由」：
## 空き地・空き地は資源であるという発見

　救いようがないと思われていた空き家が、次々とハウスハルテン
によって救出されていく。物件のファサードには鮮やかな黄色い垂
れ幕が掲げられ、その視認性も手伝ってハウスハルテンの「家守の
家」プログラムは多くの市民に認知されるようになりました。生活
や活動のため安価／無料の空間を求める人びと（アーティスト、若
者、低所得者など）に利用されたことで、「家守の家」はいつしか、
アート・文化・社会的な活動の拠点となっていきます。実際、「家守
の家」となった17の物件から、20もの住民主体のプロジェクトが
うまれました。

　ハウスハルテンの運営者の1人、カトリン・ヴェーバーさんは、「設
立当初はたしかに『空き家の救出と保全』を目的としていましたが、
さまざまな活動を行う人びとの空間的プラットフォームを整備して
いるのだと自覚するようになってからは、その役割を積極的に担う
ようになりました」と語ります。2000年代後半からは支援メニュー
が徐々に増え、利用者に対する工具の貸しだし、DIYのノウハウ
の伝授、経済的なアドバイス、ネットワークづくりもサポートする
ようになっていきました。そんな業績が認められ、ハウスハルテン
は2009年に連邦政府建設省の「統合的都市発展に寄与する重要な
手法」として表彰を受けます。これをきっかけに、特に旧東ドイツ
に位置し、同じく人口減少と空き家問題に窮している都市であるケ
ムニッツ、ハレ、ゲルリッツ、ツビカウなどにおいても、次々と同
様の取り組みが広がっていきました。

　一方、前述したとおり、殺風景だった暫定緑地も近隣住民によっ
て生き生きとした活動の場となっていきました。

このように2000年代後半は、それまで単に無駄なもの、減らすべきものだと思われていた空き家や空き地は、住民の自発的な子育て・福祉・芸術・文化などの活動を喚起する空間的なプラットフォームになる、ということが「発見された」時代でした。言い換えれば、空き家・空き地は地区がよみがえるための「資源」であり、衰退地域にこそ、それが豊富にあるのだという気づきです。

　この「資源」を活用することこそ、ライプツィヒのあらたな都市戦略であると位置づけたのが、市の都市再生・住宅整備局でした。キーワードは「ライプツィヒの自由 (Leipziger Freiheit)」。市は、2004年から空き地を活用したい市民に対し土地の斡旋とさまざまな手続きをサポートする「空き地は市民の夢のために」というプログラムを開始します。これはリンデナウ地区協会と、都市再生・住宅整備局が協働して、空き地を利用する際に住民がオーナーと交わすべき契約書の書きかた、土地の安全管理方法から保険まで、あらゆる情報提供やサポート・助言を行うものでした。また、2006年ごろにつくられたポスターでは、「なぜ西側都市で勉強するメリットがあるのでしょう？ライプツィヒには安くて魅力的な住居があなたを待っています」という文句がおどっています。かくして、以前は無くすべきだとされていた空き家や空き地は、一転してライプツィヒの「ウリ」となったのです。2009年に都市再生・住宅整備局が主体となって取りまとめた「統合的都市開発コンセプト (SEKo 2020)」では、暫定緑地や「家守の家」が市民に手頃な活動場所を提供する重要な要素であると明記され、地元地区協会、ハウスハルテン、市民農園をサポートしたりネットワークすることで、地域の再生を目指すとされています。行政と住民が密に連携することで、空き家・空き地の活用をおしすすめ、「ライプツィヒの自由」を実現するという、独自の都市戦略が確立したのです。

市のポスター「空き地は市民の夢のために」
（2004年）。農園、バーベキュー、果樹園。
ワイルドで使われていない土地であなたの夢
が実現できます、と書かれている

市のポスター「奨学金で良い家に住もう」
（2006年）。ライプツィヒに来れば安い家賃
で暮らせることを「ウリ」にしている

## 結局、「穿穴都市」は失敗だったのか？

　ここで一度「穿穴都市」政策について振り返っておきましょう。
「最悪のシナリオ」と「逆転の発想」という特徴をもったライプツィ
ヒの「穿穴都市」は、2000年代、縮小都市時代のあらたな空間戦
略としてドイツ国内のみならず海外からも注目をあつめました。し
かしながら、「穿穴都市」への評価は概ね厳しいものでした。住民か
らは、建物の取り壊しや暫定緑地のありように対する厳しい批判が
上がったことは前述のとおりです。一方専門家からも、「ライプツィ
ヒの『穿穴都市』は都市『戦略』と呼ぶにはあまりに場当たり的で
あった」と批判の声が上がります。衰退地域に穴をあけていくとい
う「逆転の発想」は、コンセプトとしては面白いものの、穴をあけ
る数や時期など現実的なコントロールはほとんどできておらず、結

局は（たまたま）所有者が同意した建物が無秩序に取り壊されただけだったという指摘です[*6]。

　ただし、わたしは「穿穴都市」そのものが都市空間に及ぼした影響を評価するよりも、「穿穴都市」が打ちだされることで「行政と住民の間に対立と協調がうまれた」という点にこそ着目すべきだと思っています。行政が打ちだした「穿穴都市」は、たしかに一部の住民に動揺を与えたり、反発を招くものでした。しかし衰退が極まったとき、行政が思い切ったメッセージを発信したからこそ、住民側にも危機感がうまれ、なんとか空き家を取り壊しから救おうとハウスハルテンが立ち上がり、殺風景な空き地を住民が自らの手で魅力的にするといった活動がうまれます。衰退の局面においては、当たり障りない政策でお茶を濁しているだけでは結局ジリ貧に陥ります。現状の詳細なデータと将来のシナリオを住民と共有し、思い切った措置を取ることは、反発を含め住民のリアクションを呼びおこし、住民と行政のあらたな関係を構築する布石となり得る。それがライプツィヒの「穿穴都市」政策から学べることなのです。


2010年代：
# 「ドイツで一番住みたいまち」の
# あらたな課題

## 謎の人口急増？ 突如ブームタウンとなったライプツィヒ

　2010年代に入ると、またもや予想外の変化がライプツィヒを襲います。それはライプツィヒ史上稀に見る急激な人口の増加です。2000年代中盤から人口の微増は始まっていましたが、終盤になると突然、予想を大幅に上回る人口増加がおこりました。2012年か

ら2018年にかけての人口増加率は、ドイツ国内の主要都市において最も高い値となります。

　ではどんな人びとが増えているのでしょう。内訳を見てみると傾向は明らかで、10代後半から30代前半の若者と外国人です。このような現象は、ライプツィヒだけでなく、国内のほかの中堅都市でもおこっており、魚や鳥が群をなして大挙して押し寄せてくるというイメージから「群集都市（Schwarmstadt）」[*11]と名付けられています。こうして、それまで「縮小都市」の代名詞だったライプツィヒは、突如「群集都市」の代表例となったのです。

　ライプツィヒの「群集都市」化はなぜおきているのか。じつは専門家たちは首を傾げています。これまで一般的には、給与水準など都市の雇用条件が向上した時に若者の人口が増えると思われてきました。たしかにライプツィヒでは2000年代初頭にDHL（国際宅急便）の大きな集荷場や世界的な自動車メーカーであるBMWの工場などが誘致されました。しかし、1人当たりの平均年収は2019年現在でもドイツの平均を大きく下回っており、失業率や生活保護受給率もドイツ平均より高い状態が続いています。にもかかわらず、わざわざ若者がライプツィヒにこぞって移住し、家族をもつようになり出生率も上昇。現在ちょっとしたベビーブームの様相を呈すまでになっているのです。

　ベルリンやミュンヘンといった大都市ではなく、雇用条件のさほど良くない地方都市に群がる人びと。都市の専門家にとっては、たしかに不思議な現象かもしれません。しかし2011年にライプツィヒに引っ越してきた「若者」で「外国人」である典型的な「群集」の1人であったわたしからすれば、その理由は明白です。わたしたちにとっての「魅力的な都市」の条件が変化したのです。つまり都市が若者や外国人を惹きつける要因が、一概に給与や雇用条件である

とはいえなくなったのです。

　これまで述べてきたとおり、同規模のほかの都市と比べて、ライプツィヒに豊富にあったものは、家賃や利用料を気にしないで使うことのできる「自由な空間」でした。実際「外国人」で「若者」だった、つまりお金も後ろ盾も無いわたしがライプツィヒの東地域に移住した理由は、生活と活動のための空間を安く手に入れることができるからでした。「自由な空間」がわたしを惹きつけたわけです。1990年代に激しい人口減少を経験した東西地区が、一転して2010年代には最も人口増加の激しい地区となっており、ここから

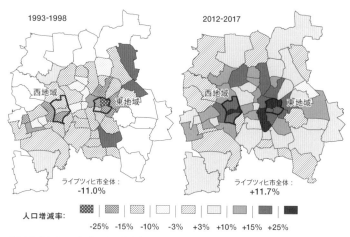

1990年代と2010年代の人口増減率 1990年代に最も人口減少が激しかった地区が、2010年代に最も人口増加の激しい地区となった

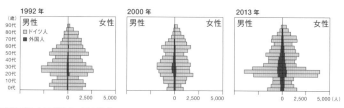

東地域の人口ピラミッドの変化

68

「若者」と「外国人」が群をなしている東地域のメインストリート（[日本の家]の前）

も「自由な空間」が、若者や外国人を惹きつけたと推測できます。都市人口の増減はさまざまな要因が絡みあっておこるので、それが唯一の要因だとはもちろんいえませんが、「自由な空間」はライプツィヒが「群集都市」となったひとつの重要なファクターだったとわたしは考えています。

　「自由な空間」が、人びとの生活や活動にどのような役割を果たしていったのかについては次章以降に詳しく分析していきますので、ここでは突然の急成長が、ライプツィヒという都市、特に東西地域にどんなインパクトを与えたのかについて述べていきます。

## 急成長による変化①：不動産市場の急騰

　人口増加を受け、比較的安価なグリュンダーツァイト建築は人気が再燃します。ライプツィヒの不動産価格は恐ろしく安かったため、投機対象としてはもってこい。アンテナを張った世界中の不動産投資家は、ライプツィヒの人口が増加に転じるやいなや、下見も

せずに、グーグルマップやストリートビューを駆使して物件を買い漁り、価値が上がったら転売する、ということを繰り返します。そのため不動産価格はまたたく間に急騰。公示地価を見ると、東地域では2018年時点で2010年の8倍にまでなっています。まさに不動産バブルの再来、しかも今回のものは前回の1990年代前半とは比較にならない規模です。

　何十年も放置されていた物件まで次々とリノベーションされ、借り手や買い手がつくようになりました。このような状況下で、自分の所有物件を「家守の家」とする所有者は減少し、期限が切れた「家守の家」は売却されたり改修されていきました。ハウスハルテン設立の目的であった「グリュンダーツァイトの空き家を崩壊から守る」という当初の目的はこれで達成されます。しかしその一方、暫定利用の期限が切れると利用者が退去しなくてはならなかったり、そのまま居残れたとしても高額の家賃がのしかかるようになったりしました。よってハウスハルテンのもうひとつの目的「市民が生活と活動に使える自由な空間の確保」は、頓挫することになったのです。

　また空き地にも変化が訪れます。地区の市場価値の高騰は、空き地の所有者にとって恰好の開発機会。西地域では、2000年時点で暫定緑地となっていた敷地のうち、2017年時点で約半数が開発され、住宅、公共施設、公園などが建設されました。恒久的な用途が定まったことで、暫定緑地の目的は達成されたといえます。しかしながら、暫定緑地を拠点としてさまざまな活動を行っていた住民たちは、突如空間を失いました。地価が上昇しているため、一度空間を失うと、あらたな場所を見つけるのは困難です。活動内容にもよりますが、非営利で、しかも冬場に活動できない都市農園や子どもの遊び場の運営では、市場の平均水準の賃料を支払うことは到底不可能であり、開発圧力に抗うことはできません。

　ここでわたしたちは、空き家と空き地の暫定利用、つまり「家守の家」や「暫定緑地の住民管理」において成り立っていた、利用者と所有者のwin-winの状態は、あくまで**不動産市場が崩壊していたからこそ可能だった**ことに気づきます。もちろん、契約としては期限が決められており、利用者はそれを承知のうえで空間を利用していたわけですから、理論的には所有者になんら否はありません。しかしそれでも、衰退地区に率先してあらたな活動をおこし価値をつくってきた人びとが、（ある意味、その活動が「成功」したからこそ）地区の不動産価格が上昇し、その地区から追いだされてしまう、という皮肉な状態（ジェントリフィケーション）に陥ってしまうのです[*12]。

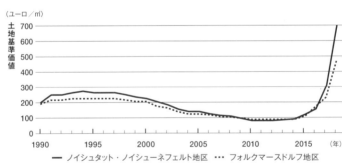

ライプツィヒ東地域内の2地区の公示地価。2010年代中盤から跳ね上がっている[*13]

「家守の家」だった物件（左）がリノベーションされ転売された例（西地域Engertstrase 23）

## 急成長による変化②：移民・難民の流入

　もうひとつの大きな変化は、住民の急速な多様化です。東ドイツの都市だったライプツィヒはもともと、西側ヨーロッパ諸国の都市に比べると外国人の割合は高くありませんでした。2010年に5%ほどだった外国人率はしかし、2019年には10%に上昇しています。内訳を見てみると、2013年ごろからシリア、イラク、アフガニスタンなどの中東出身者が急増しています。これは中東の情勢が不安定になり、大量の移民や難民が欧州に押し寄せた、いわゆる欧州難民危機に由来しています。特にシリア出身者は、2013年時点の500人から2017年には8,000人弱と4年間でじつに16倍となり、2位のルーマニアや3位のロシア（共に3,000人強）を大きく引き離して2017年時点に市内に居住する最大の外国人グループとなっています。ある一定の地域出身の外国人が短期間のうちにこれほど増加することは、ライプツィヒの歴史においても非常に特異です。

　この変化の影響を特に受けたのが、東地域です。家賃の安い東地域は経済的に余裕の無い難民や移民が住居を見つけやすく、さらにその同胞を頼って人びとが次々と地区に流入してきた結果、1990年代に10%以下だった外国人率は、2018年時点で30%弱にまで増加します。なかでもフォルクマースドルフ地区は、住民の約半数が外国人や外国にルーツをもつ人びとです。東地域のメインストリートであるアイゼンバーン通りを歩くと、ドイツ語を話している人のほうが少数派なのではないかというくらいに、じつにさまざまな言語が飛び交っています。

　こうして急激に住民が多様化したライプツィヒは、あらたな課題を突き付けられます。まず難民や移民として2010年以降に流入してきた外国人は、定職をもたず、経済的に余裕が無い人の割合が多

いこと。2017年現在ライプツィヒにいる就労年齢の外国人のうち、約4割が失業手当、生活保護、難民申請中に受けられるサポートなどで生活を維持しています。また、宗教や生活文化の異なる人びとが一気に地区に押し寄せたとき、それまでその地区に住んでいた人びととの間に、さまざまな齟齬がうまれます。多様な人びとがコミュニケーション可能な状態をいかにつくるのか。現在のライプツィヒは「ソーシャル・インテグレーション（社会的統合）」が大きな課題となっています。

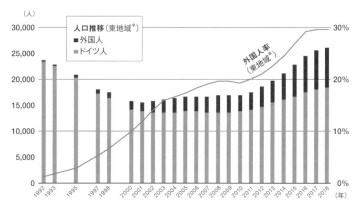

東地域*の外国人率と人口推移。2010年以降の人口増加は、ほぼ外国人によって引きおこされていることがわかる（*本図における「東地域」はノイシュタット・ノイシューネフェルト地区とフォルクマースドルフ地区をあわせた範囲とする）

東地域の一角、パキスタン移民の営む洋品店

73

## 人口の増加が招いたあらたな都市課題：
## インテグレーションとジェントリフィケーション

　急激な人口増加により、ライプツィヒはあらたなフェーズに突入し、特に東西地域は複雑な状況に陥ります。もともと東西地域は深刻な社会的・経済的問題を抱えていました。特に東地域は1990年代以降一貫して失業率、基本生活保障受給率、貧困家庭の率が全市のなかでも最も高い地区でしたが、2010年代になっても状況は改善せず、フォルクマースドルフ地区は失業率と基本生活保障受給率が市平均の約2倍、貧困家庭の率は市平均の約2.5倍となっています。そのような地区に移民や難民が流入することで、地区の抱える課題はますます深刻化していきます。2013年と2015年にテレビで放映されたルポルタージュでは、東地域のメインストリートであるアイゼンバーン通りが「ドイツ最悪の通り*14」と名付けられ、外国系ギャングの抗争、貧困、盗難や放火などの犯罪、ドラッグとアルコールの問題がセンセーショナルに取りあげられました。

　これに対し、行政は2010年ごろから社会的な課題へのアプローチを重視しはじめます。衰退地域に「地区マネージャー」を配置し、

| | 東地区<br>フォルクマースドルフ地区 | ライプツィヒ市全体 | 比較 |
|---|---|---|---|
| 移民の割合 | 39.0% | 12.1% | 3.2倍 |
| 失業率 | 17.4% | 7.9% | 2.2倍 |
| 月の平均所得 | 800ユーロ | 1,115ユーロ | 70% |
| 基本生活補償給付<br>（生活保護）の受給率 | 42.5% | 17.1% | 2.5倍 |
| 基本生活保障給付を<br>受けている養育者をもつ<br>15歳以下の子どもの割合 | 66.8% | 27.9% | 2.4倍 |

＊移民の割合は2015年、ほかはすべて2013年の数値

2010年代中盤の東地域（フォルクマースドルフ地区）の社会状況。ライプツィヒ市全体と比較しても難しい状況におかれていることがわかる

教育や福祉をテーマとしたイベントを行ったり、移民や低所得者の生活相談窓口を開設したりと、主に連邦政府の助成金「社会都市（Soziale Stadt）」を活用してさまざまなプログラムを実施します。とはいえ、道や公園を整備するのとは異なり、経済や教育の格差や移民・難民支援などの課題に対して行政側がトップダウンでサポートできることには限界があり、現場における住民主体の社会・文化・教育など幅広い分野におけるボトムアップの活動が重要です。

　一方、まさにその住民のボトムアップの活動を支えてきた「自由な空間」は不動産市場の「正常化」によって減少していきます。東西地域は家賃がとても安かったからこそ、不動産価値の上昇による相対的なインパクトはほかの地域より大きくなります。例えば同じ100ユーロの家賃の値上げでも、それまでの家賃が1000ユーロであれば変化は大したことありませんが、それまでの家賃が50ユーロだった場合には大きなインパクトとなり、生活や活動を大きく見直さなくてはならなくなります。それまで多くの活動を生み出してきた空き家・空き地の暫定利用も、「結局所有者にしかメリットがなく、利用者は使い捨てられている。これではジェントリフィケーションを助長しているだけだ」として、ハウスハルテンや行政に対する批判の声が徐々に高まります。

　人口増加を目標に掲げている日本の自治体は多いですが、ライプツィヒの例からわかるように、人口増加で一概に都市や地区の問題が解決されるわけではありません。むしろ、もともと衰退地域だったところでおこる人口増加は、「インテグレーション」や「ジェントリフィケーション」といった、あたらしく複雑な課題を地区に突きつけるのです。

## 不動産市場から引っこ抜かれた空間の重要性

　では家賃や地価が高騰しても住民が自らの活動に使える「自由な空間」を確保するにはどうすればいいのでしょうか。この難しい課題に対してひとつの道筋を示したのが、空間を「不動産市場から引っこ抜いておく」ための仕組み、「ハウスプロジェクト」でした。

　「ハウスプロジェクト」の源流は、1970年代から始まるスクウォット運動です。西ドイツをはじめ欧州の多くの都市では、アーティストやアナーキストのグループが空き家や空き地を「勝手に」占拠し、生活や活動の拠点としていました。ライプツィヒではドイツ統一以降に活発になり、1990年代以降、特に南地域と西地域の工場地帯に放棄されていた住居、倉庫、工場などが、スクウォットによってアンダーグラウンドなライブ会場やアトリエ、イベントス

「投資の空間ではなく自由な空間を！」という横断幕が掲げられた西地域のハウスプロジェクト

ペースとなっていきました。現在も人気のライブハウスや文化施設が、もとはスクウォットから始まったという例は市内にも多くあります（コラム1・p.84「スクウォット」を参照）。

スクウォットは、不動産市場が崩壊している時期には所有者から黙認されることが多いものの、不動産市場が復活してくると当然所有者から退去させられます。これに抗うため、欧州のスクウォッターたちは時に警察と物理的な衝突を繰り返しました。しかしやはり正当な所有権や使用権が無い状態では場所を守れないことに気づいた西ドイツのスクウォッターのグループが、1980年代に「合法的なスクウォット」として始めたのがこの「ハウスプロジェクト」です。人びとがグループをつくり、共同で物件を買い取り、維持管理を行うのですが、重要なのは、物件を長期的に不動産市場から切り離す仕組みをもっていること（コラム4・p.90「ハウスプロジェクト」を参照）。ライプツィヒでは2009年に初めて西地域で設立されて以来、建物の価格が安い東西地域を中心に増えていき、2019年現在17ヶ所の「ハウスプロジェクト」が市内に存在しています。

これらの「ハウスプロジェクト」は、ボランティアの人びとによる移民・難民のための無料ドイツ語コース、地域の経済的に厳しい人びとに向けた炊きだし、性的マイノリティの人びとによる対話イベント、リサイクルやアップサイクリングのワークショップなど、住民らの社会的・文化的な活動の舞台となっています。投機目的による建物の転売が不可能で、空間の利用者が同意しない限り家賃の値上げも無いため、安定的に活動できるという利点があります。「不動産市場から引っこ抜かれた」空間としての「ハウスプロジェクト」が、これまでの暫定的な空間に代わって、住民の活動を支えるプラットフォームとなっているのです。

## 岐路に立つ「ライプツィヒの自由」

都市再生・住宅整備局の局長、カールステン・ゲルケンスさんは2013年のインタビューでこのように語っています[*15]。

カールステン・ゲルケンスさん
（ライプツィヒ市 都市再生・住宅整備局 局長）

「多様な空間があることで、より多様な人が都市に参加することができます。ある一部の不動産屋や投資家が市場をコントロールする一方、都市に参加できない人がいるということは、社会問題であるばかりでなく、都市のクリエイティビティにも支障をきたします。ライプツィヒ市の強みは《自由》です。どんな人でも、自分の夢を実現できる都市であるということです。この《ライプツィヒの自由》こそが、ライプツィヒの発展戦略なのです」。

2010年代のライプツィヒの都市政策のテーマは、まさにこのゲルケンスさんの言葉に凝縮されています。ひとたびライプツィヒで人口増加が始まると、都市空間は投資の対象となり、地元の人びとを置き去りにして、猛烈なスピードで変化していきました。この成長のスピードをなんとかコントロールしようと、市は2015年に住宅政策を更新し、「ハウスプロジェクト」を増やす姿勢を打ちだします。2016年にその実践として「ネットワーク・ライプツィヒの自由」というプログラムを立ち上げました。「ハウスプロジェクト」を始めたい市民のグループに対し適当な物件を紹介し、融資可能な財団や銀行を紹介し、運営や法的手続きのサポートを行います。行政が「ハウスプロジェクト」を支援することは、ほかのドイツの都市にはまだない先進的な取り組みでした。この「ネット

ワーク・ライプツィヒの自由」を実質的に運営しているのはいくつかの住民団体です。所有者と住民をつないできた豊富な経験をもつハウスハルテン、ハウスプロジェクトの運営者たちの団体である「住宅とワーゲン協議会（Haus- und Wagenrat e. V.）」、1990年代からライプツィヒのスクウォット運動を先導してきた人びとによる団体「オルタナティブ住居共同体・コネヴィッツ（Alternative Wohngenossenschaft Connewitz eG.）」などが、行政の委託を受ける形でプログラムの運営を担っています。1990年代のスクウォット運動と2000年代の暫定利用で蓄積された住民たちのノウハウが、2010年代の都市政策のプログラムに活かされようとしているのです。

　ただし、現実的にはこの程度のプログラムで不動産市場はコントロールできません。ハウスプロジェクトは自己資金が必要なうえに膨大な事務作業に時間と手間が掛かり、多少のサポートがあったとしても、そう多くの住民が参加できるものではありません。かつ行政側も決して一枚岩ではなく、ジェントリフィケーションに批判的なゲルケンスさんとは対照的に、税収が上がることが最優先と考え、不動産市場の「正常化」を単純にポジティブなものとして受け止める役人たちもいるため、部局間の主導権争いがおこっています。

　「空き家や空き地で住民が豊かな活動を繰り広げる」というライプツィヒらしさは、住民と行政のタッグによって維持され、あらたな段階に移行するのか。それともこのまま徐々に失われ、都市空間が不動産市場で取引される「普通の街」になっていくのか。「ライプツィヒの自由」はまさに今、岐路に立っているのです。

# 4度変化した
# ライプツィヒにおける〈隙間〉の意味

　ここまでみてきたように、ライプツィヒでは空き家・空き地に代表される、歴史的価値や不動産的価値の中途半端な都市の〈隙間〉の捉えられかたが何度か変化していきました。それを振り返りながら、ライプツィヒの30年史から見えてきたものをまとめてみましょう。

## 〈隙間〉を無くす - 1990年代

　まず、急激な衰退を受け、行政が〈隙間〉を無くすための政策を打ちだしました。不動産価値を失った空き家の取り壊しが行われ、跡地が暫定緑地として整備されましたが、この緑地は然るべき恒久利用が定まるまでの「つなぎ」と捉えられていました。

## 〈隙間〉を利用する - 2000年代前半

　無節操なグリュンダーツァイト建築の取り壊しに批判があつまり、「利用による保全」を旗印にNPO法人ハウスハルテンが「家守の家」プログラムを始めます。暫定緑地では住民による管理が始まります。こうして行政にも市場にも手の施しようがなかった都市の〈隙間〉が、住民たちによって利用されるようになりました。

## 〈隙間〉をウリにする - 2000年代後半

　空き家や空き地だった空間が住民たちに利用されることで、社会的・文化的な活動拠点になります。「自由な空間」の存在がライプツィヒ独自の魅力であることが「発見」され、行政も都市の〈隙間〉こそがライプツィヒの「ウリ」であると認識するようになり、都市ブランディングに使われたり、市民が〈隙間〉を利用することを支

援するような政策がうまれます。

## 〈隙間〉を維持する – 2010年代

　人口の急増と共に不動産市場が過熱し、空き家・空き地の暫定利用における所有者と利用者間のwin-winの関係が崩れます。これに代わり、長期的に社会・文化的な活動に利用できる空間として、スクウォッターをはじめとした人たちが「ハウスプロジェクト」を行います。政策的にも、不動産市場から空間を「引っこ抜いておく」ことで〈隙間〉を維持する必要性が認識され、行政がハウスプロジェクトと協働したりこれを支援する政策が打ちだされました。

　このように、〈隙間〉への認識が「無くす」→「利用する」→「ウリにする」→「維持する」というように変化しました。行政の施策に住民が反発したり、住民の活動を行政が後追いしたりと両者の間で〈隙間〉の捉えられかたが何度もアップデートされます。

　目まぐるしく変わる状況のなかで、「タカの視点」をもつ行政はあくまで俯瞰的に情報を収集・発信し、政策を打つ。「アリの視点」をもつ住民たちは、現場であらたなアイデアを試行する。さらに行政がこれを汲み取って、スケールの大きい都市政策に反映させていく。両者は常に平和的な関係であるわけではなく、ときに鋭く対立します。しかし、都市の〈隙間〉を巡って、総合的な視点をもって政策を打つべき「タカの視点」の行政と、現場の課題に挑む「アリの視点」の住民の間に、対立と協調の両方を含むコミュニケーションが繰り返されたことこそが、ライプツィヒが30年間の予測不能な変化を乗り切れた要因なのです。

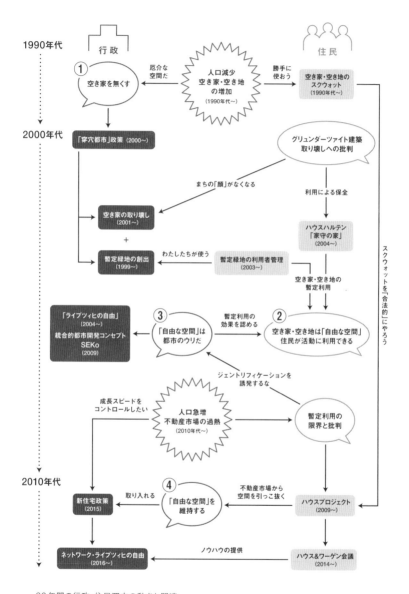

30年間の行政・住民双方の動きと関連

*¹ 以降、本章における特記無き図表は、ライプツィヒ市統計局のオンラインデータベース（https://statistik.leipzig.de ｜ 2020年8月31日最終閲覧）および統計局が発行している以下の資料をもとに、筆者が作成した
・市全体に関する統計データは、各年のStatistisches Jahrbuch（年次統計）
・地区別の統計データは、各年のOrtsteilkatalog（地区目録）
・2008年以降の建設関係（家賃・空き家）に関するデータは、各年のMonitoringbericht Wohnen（モニタリングレポート）

*² 以下の人口予測をそれぞれ参照した
*Bevölkerungsprognose des Statistischen Landesamtes für die Stadt Leipzig (2000, 2001)*, Land Sachsen, 2004
*Bevölkerungsvorausschätzung*, BBSR, 2005
*Bevölkerungsvorausschätzung 2012*, Stadt Leipzig, 2012

*³ *Ist Leipzig noch zu retten?*, Klartext -DDR TV-Archiv, 1991

*⁴ *Konzeptioneller Stadtteilplan Leipziger Osten (KSP Ost)*, Stadt Leipzig, 2002の図をもとに筆者が一部翻訳・修正を加えた

*⁵ 1991年から市内15ヶ所で始まった「改良区域（Sanierungsgebiet）」のこと

*⁶ ライプツィヒの「穿穴都市」政策と暫定緑地に関して詳しくは以下の論文を参照のこと
大谷悠・岡部明子「ライプツィヒにおける〈暫定緑地〉の整備とその後の展開—人口減少により将来の不確定性が高まった都市を再編する役割に着目して」『日本建築学会計画系論文集(751)』日本建築学会, 2018, pp.1715-1723

*⁷ *10 Jahre Bund-Länder-Programm Stadtumbau Ost in Leipzig - Beiträge zur Stadtentwicklung 57*, Stadt Leipzig, 2015の図をもとに筆者が一部翻訳・修正を加えた

*⁸ *Aktuelle Fragen und Probleme der Leipziger Stadtentwicklung*, Stadtforum Leipzig, 2006

*⁹ グリュンダーツァイト建築を巡る保全と取り壊しを巡る行政と市民の攻防については、Arnold Bartetzky, *Die Gerettete Stadt - Architektur und Stadtentwicklung in Leipzig seit 1989 - Erfolge Risken Verluste*, Lehmstedt, 2015 に詳しい

*¹⁰ 2016年時点で整備された東西地区の暫定緑地（約6.4ha）のうち、面積比で20%が住民らによって管理されている。ライプツィヒの住民による暫定緑地の管理に関しては以下の論文を参照のこと
大谷悠・岡部明子「暫定的な緑地空間は地区にとってどのような存在になりうるのか—ライプツィヒで〈暫定緑地〉として整備されたのち暫定的な利用状態が続いている空間の管理主体による違いに着目して」『都市計画学会論文集(54-3)』日本都市計画学会, 2019, pp.1359-1364

*¹¹ 2010年代に入って若年層の社会増が続く地方都市を「群集都市（Schwarmstadt）」と名付けたのは、empirica研究所のHarald Simons教授である。empiricaのWEBサイトでいくつかのプレゼンテーション資料を参照することができる（https://www.empirica-institut.de ｜ 2020年8月31日最終閲覧）

*¹² 暫定利用が結局はジェントリフィケーションの呼び水にしかならないと批判しているものとしてLisa Vollmer, *Strategien gegen Gentrifizierung*, Schmetterling Verlag, 2018 が挙げられる

*¹³ ライプツィヒ地理情報・土地利用局（Amt für Geoinformation und Bodenordnung）が毎年公表する土地基準価値（Bodenrichtwerte für die Stadt Leipzig）のデータを参考に筆者作成

*¹⁴ 「Die Schlimmste Strasse Deutschlands」はドイツのニュース番組Taffにおいて、2013年と2015年に放映された

*¹⁵ ゲルケンスさんへのインタビューの全文は、大谷悠「縮小都市ライプツィヒの地域再生—空き家・空き地再生の現場から—空き地の再生と〈ライプツィヒの自由〉」『季刊まちづくり』2013年7月号, 学芸出版社, 2013, pp.112-119を参照のこと

## *Column*

# 都市の〈隙間〉に芽生えた
# 4つの仕組み

## 1. 空き家・空き地の占拠：スクウォット

東地域7件・西地域6件

　スクウォットとは、賃貸や売買などの法的な手続きを踏まずに行われる空間利用である。1990年代のライプツィヒでは、明らかな使いみちがなく放置されていた空間に対するスクウォットは、所有者から黙認されることが多かった[*1]。2000年代以降は所有者とスクウォッターとの間で交渉が行われ、暫定利用、賃貸契約あるいは売買契約を交わす例が増えたものの、強制的な立ち退きとなる場合もあった。スクウォットされた空間は、大きく次の3つに分類できる。

### ① 産業施設の文化拠点化

　工場の建物や倉庫など、比較的面積の大きい元産業施設がアーティストや活動家によって占拠され、ライブハウス、劇場、イベントスペースとして用いられる芸術や文化の拠点になっている。「レッフェルシュトゥーベ（Loffelstube）」や「コニー・アイランド（Conne Island）」など、スクウォット中に有名になった場所が、現

在のライプツィヒを代表する文化拠点となっている例もある。

## ② 空き地の無許可占拠

　空き地が占拠され、キャンピングカーやテントが張られることで、都市をさすらうノマドたちの居住スペースとなっている例。ドイツ語では「ワーゲンプラッツ（Wagenplatz）」と呼ばれている。決まった住居をもたずに生活する人びとが集う場所で、路上生活者も仮の住居とすることがある。コンサートや炊きだしなどのイベントもしばしば行われる。

## ③住宅の無許可占有

　契約なく空き家に住み着いているケース。路上生活者やなんらかの事情で住居が無い人びとの生活空間として用いられている。薬物の売買や利用、失火がおこるなど、近隣トラブルとなるケースもある。

レッフェルシュトゥーベ（左）とワーゲンプラッツの一例（右）共に1990年代のスクウォットがきっかけでできた文化施設であり、多くのイベントが行われている

## 2. 空き地の暫定利用：利用許諾協定による「暫定緑地」

東地域30件・西地域34件

　ライプツィヒ市は、1999年から空き家や空き地など放置された土地の所有者と「利用許諾協定（Gestattungsvereinbarung）」を順次締結し、「暫定緑地（Zwischen Grün）」を整備していった[*2]。市と所有者間で取り交わされる協定書には、用途および管理、期間など「暫定緑地」の整備に関する規定が盛り込まれる。これが締結されると「暫定緑地」の整備と既存の建物の除却（必要な場合）のための助成金が所有者に支払われる。また、所有者は期間中の固定資産税が免除される。

　整備された「暫定緑地」は、協定期間中、「公共的に利用可能で近隣の住環境に好ましい影響をおよぼす」ことが求められ、所有者の責任によって管理される。期間は10年前後が標準で、協定書に定められた規約に沿って協定を解消して開発することができ、逆に協定期間を延長することもできる。

　また「暫定緑地」は、所有者が自ら管理を行うことが原則だが、管理委託契約にもとづき受託者が空間の管理を担うこともある。受託者は地元の住民団体、都市農園や子どもの遊び場づくりに興味をもつグループが主であり、これらの人びとが

暫定緑地の受託者（住民）管理の例

管理している「暫定緑地」は、所有者が自ら管理する空間よりも空間の品質が高く、アクティビティも多様なものになることが明らかになっている[*3]。所有者は無償で空間の管理を代行してもらうことができ、受託者も自らの活動場所を確保できるため、受託者による「暫定緑地」の管理は両者にメリットがある。ただし管理委託契約はほとんどが1年更新になっており、受託者の活動を維持するために空間の利用の継続を望んでも、所有者の意向で一方的に管理委託契約が打ち切られ、退去せざるをえなくなることがある。

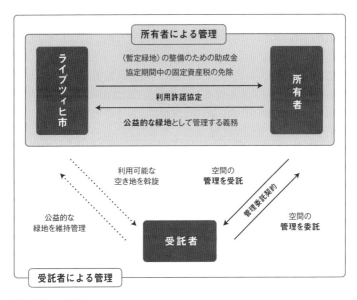

「暫定緑地」の仕組み

## 3. 空き家の暫定利用：ハウスハルテン「家守の家」

東地域3件・西地域11件

　ハウスハルテンはリンデナウ地区協会を母体として2014年に設立されたNPO法人で、住民、建築家、市の職員など10人が立ち上げ人となった[*4]。ハウスハルテンの活動は空き家となった建物を「利用による保全」で救出することを目的とする。プログ

ハウスハルテンの本部

ラム「家守の家」は、物件の所有者が利用者に期限付きで空間の利用を承諾する暫定利用のプログラムである。2005年に最初の物件が仲介された。所有者は最低限、屋根、ファサード、電気、上下水道の整備を行った後、期限を決めて物件の管理をハウスハルテンに委託する。ハウスハルテンは物件の利用希望者を募集する。ハウスハルテンが仲介する物件には、外壁に黄色い垂れ幕が掲げられ視認性が高く、それを見た空き家の所有者に市がコンタクトを取り、ハウスハルテンを紹介するという流れで、再生重点地域の空き家が再生されていくような仕掛けができていった。

　所有者は利用者に空き家となっていた建物の維持管理をしてもらうことができ、利用者は生活や活動のための空間を家賃なしで得ることができる。暫定利用期間中は所有者が物件の賃貸や売却などを行えない。内部の改修レベルは物件により異なるが、基本的には利

用者が自分たちの必要な範囲で改修を行う。

　建物の維持管理義務と固定資産税という負の資産を抱えた状態の所有者にとっては、家賃収入がなくとも5年間無償で物件を管理してもらえるメリットがある。また期限後に不動産価値が上がっていれば、建物の改修や売却を考えればいい。多くの物件では原状復帰義務が無いので、利用者が自身の活動に合わせて好きなように空間を改変できる。

　またハウスハルテンはさまざまな工具を貸しだしたり、空間づくりについてもアドバイスしたりと、利用者を多面的にサポートしている。

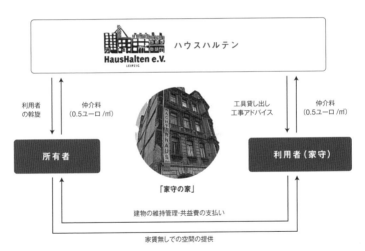

ハウスハルテンの仕組み

## 4. 空き家の非営利的な共同利用：「ハウスプロジェクト」

東地域4件・西地域13件

　「ハウスプロジェクト（Hausprojekt）」という言葉はドイツ国内でもバズワードになりつつあり、その定義はさまざまだが、本書では以下の3つを満たすものとする*4。

1. 物件の改修、維持管理、家賃に関する決定がその物件に住む人びと自身によってなされる
2. 物件の所有権と処分権が個人に属さない
3. 物件を不動産的な営利ならびに投機目的に用いることを阻む仕組みをもつ

　この一例として、ここでは共同住宅シンジケート（Mietshauser Syndikat, MHSと略す）を紹介する。共同住宅シンジケートはハウスプロジェクトのサポートを行うNPO法人で、ドイツ全土の126軒のハウスプロジェクトに関わっている。ライプツィヒにも11の物件が共同住宅シンジケート型のハウスプロジェクトとして整備されている。

　共同住宅シンジケートによるハウスプロジェクトは「拒否権」「直接信用供与」「連帯基金」という独自のしくみをもつ。物件ごとに必ずNPO法人が設立され、物件の住民は全員このNPO法人の会員となる。よそへ引っ越すと会員権を失うため、NPO法人は常にその物件の住民で構成される。あわせて家賃の設定や物件の部屋割りなどハウスプロジェクトの運営に関する意思決定が行われる。その後メンバーの人数や年齢、経済状況、生活水準に見合う物件を探す。

良い物件が見つかったら、有限会社を立ち上げて購入する。不動産の所有権は常にこの有限会社がもつ。有限会社設立に必要な資本金のうち半額を住民が出資し、半額を外部の機関である共同住宅シンジケートが出資する。経営権（社員持分）の50％をNPO法人がもち、50％を共同住宅シンジケートがもつ。これは運営権をNPO法人がもつが、シンジケートは建物の売却と約款の変更に対する「拒否権」をもつことで、物件が不動産市場に流れることを阻止するためである。有限会社は物件の買い取りと改修費用捻出のため、個人や金融機関から融資を受ける。返済は家賃収入によって行われ、家賃収入の利益分は「連帯基金」としてほかのハウスプロジェクトの支援に用いられる。

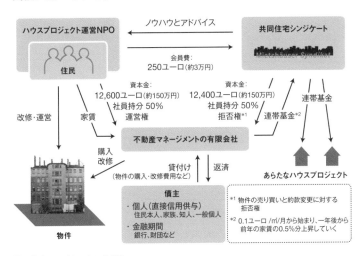

共同住宅シンジケートの仕組み

凡例:
- ▲ スクウォット
- ● 「暫定緑地」
- ■ 「家守の家」
- ★ 「ハウスプロジェクト」

スクウォット、暫定緑地、家守の家、ハウスプロジェクトをそれぞれプロットしたマップ

---

[*1] 1990年代からのライプツィヒのスクウォット運動については、Silke Steets, *Wir sind die Stadt · Kulturelle Netzwerke und die Konstitution städtischer Räume in Leipzig*, Campus Verlag, 2007に詳しい

[*2] 1章＊6(p.83)を参照のこと

[*3] 1章＊10(p.83)を参照のこと

[*4] ハウスハルテン「家守の家」ならびにハウスプロジェクトについては、大谷悠「ハウスプロジェクト ─ 空き家を地域に開いて共有する」馬場正尊ほか 編『CREATIVE LOCAL ─ エリアリノベーション海外編』学芸出版社, 2017, pp.70-97に詳しい

# 2章

## 都市の〈隙間〉におこった 5つの実践

# 都市の〈隙間〉は住民の活動に
# 大きな役割を果たした

　2章では、ライプツィヒの空き家や空き地といった都市の〈隙間〉に芽生えた住民主体の活動の現場に着目していきます。そのうえで、まずは東西地域で1990年から2018年の間におこった住民の活動に関するデータをご覧ください。ここでいう「住民の活動」とは、民間企業でも、行政でもない、住民が独自に組織した非営利の活動で、かつ活動拠点となる空間を自分たちで維持管理している団体です[*1]。

　これを見ると、まず人口増加のタイミングで多くの住民の活動がうまれていることがわかります。また東地域では外国人移民の増加が始まったタイミングで多くの宗教系の活動と移民・難民の支援に関する活動がうまれ、西地域では若者が増加したタイミングで文化芸術系の活動が急増しています。このことから、地域の変化と住民の活動は密接に関連していることがわかります。

　もうひとつ注目したいのが、それぞれの活動が開始した時の空間の契約状態です。東地域では約2／3、西地域では約6割の活動が、市や住宅公団といった公益団体からの賃貸、暫定利用、占拠、自己所有、ハウスプロジェクトといった、**通常の不動産市場で取引されていない空間**で始まりました。つまりライプツィヒでおこった住民の活動は、その多くが都市の〈隙間〉から発生したものであることがこのデータから読み取れます。さらに通常の賃貸契約を結んでいたところでも、当時家賃が非常に安価あるいは実質無料だったケースも多くあると考えられます。このことから、不動産市場からこぼれおちた都市の〈隙間〉が住民たちの自発的な活動に大きな役割を果たした事実が浮かび上がってきます。

　ここからは、活動が10年程度継続していて、ライプツィヒを代

表する住民の活動となっている5つの事例を取りあげ、その活動の遍歴や運営の舞台裏を、現実に直面する個別具体の課題も含めて詳しく追って行きます[*2]。

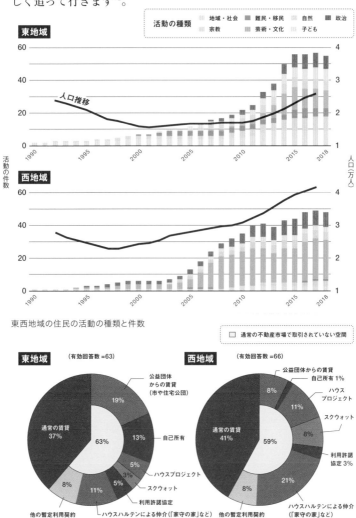

東西地域の住民の活動の種類と件数

東西地域の活動の開始時における空間の契約状態

95

# 本の子ども

## 空き家と失業者がつくる
## クリエイティブな絵本工房

| 名　　　称 | Buchkinder Leipzig e. V. |
|---|---|
| 活　　　動 | 子どものための絵本づくり工房の運営 |
| 立　　　地 | 東地域と西地域に2つの拠点 |
| 空　　　間 | グリュンダーツァイトの建物の地上階（2つの拠点合わせて370㎡） |
| 活動開始 | 2001年空き家の一室を利用 |
| 運 営 者 | 約36人　幼児教育とアートに関心がある人びと・美大生など |
| 利 用 者 | 約50～100人／週（主に子どもたち） |
| 運営資金 | 絵本やグッズの売り上げ・助成金・寄付金・参加費 |

本の子ども（西工房）
2013-

住宅と商店

本の子ども（東工房）
2010-

教会

住宅地

元工業地区

［本の子ども］の立地

©Google

## 子どもの創造性を引き出す

　学校が終わる夕暮れ時、空き家の目立つライプツィヒ東部の一角にぽつんと1軒、煌々と明かりが灯る建物があります。中をのぞいてみると15人くらいの子どもたちが、なにやら楽しそうに作業中。手や顔をインクだらけにして色を塗る子、ハサミで切り絵をつくっている子、友だちとしゃべりながら手を動かす子どももいれば、隅のほうでじっと考えごとをしている子も。2、3人のスタッフたちは、にこやかに子どもたちの話し相手になったり、作業を手伝ったりしています。3時間ほどの作業時間が終わった後は、みんなで輪になって座り、今日自分がどんなことをしたのか発表し合います。話の筋書きをつくった子、絵本の1ページを完成させた子、特になにもしなかった子などさまざま。それが終わったら子どもたちは自分の箱に絵や道具をつめ棚に片付けて、帰っていきます。これが子どもたちのための絵本工房［本の子ども］の日常です。

［本の子ども］の拠点で本づくりに勤しむ子どもたち　　　　　　　©Buchkinder e. V.

97

代表の1人、ベルギット・シュルツェ・ヴェーニックさんは、絵本づくりで大切なことは「ゆっくりと時間をかけ、子どもたちの自主性を引きだし、出てくるものを受け止めること」だと語ります。子どもたちの自主性を重んじていて、大人たちは「教える」のではなく、子どもの話

リノリウム版画を刷る女の子とそれを見守るスタッフ

を聞いたり質問したりしながら作品づくりをサポートします。例えば文章のスペルが間違っていても、それはひとつの表現であると捉え、大人は直しません。また絵本の大半はリノリウム版画（コルクや木の粉からつくる柔らかい板を彫って版とする技法）で作成されています。版画はペンや鉛筆で描くよりも時間がかかり、反転させなくてはならないので難しく、色も限定されていて表現に工夫が必要です。そういった手の込んだ行程をあえて選ぶことで、子どもたちが「よく考えてものごとを進める」ことを学ぶのだといいます。子どもたちは1冊の絵本をつくるために何日も、場合によっては何年もかけて完成させます。

　ストーリーは、大人でもはっとさせられるものが多くあります。「〈無〉について」というとても哲学的な題名の絵本をつくった男の子がいるかと思えば、イラク出身の女の子は野菜軍とフルーツ軍が戦争をするという話。彼女自身が母国で体験したことを題材にしています。絵本として自身の体験や感情を表現し、人に伝える、共有することが、子どもたちの心のケアになっているのです。また工房という制作環境が与える影響も大きいようです。まわりの友だちが試行錯誤する姿や根気の要る作業をしている場に居合わせること

で、自身の内面とじっくり向き合う機会になり、最初に考えていたストーリーがどんどん変わっていくことも多いといいます。

　完成した子どもたちの絵本は「本の子ども出版」という独自の出版社から出版されており、工房とオンラインショップで販売されています。またクリスマスマーケットやライプツィヒとフランクフルトのブックメッセ（書籍見本市）には毎年出店していて、子どもたち自身が店の番をしてお客さんに絵本を紹介しています。［本の子ども］のオンラインショップをのぞくと、子どもたちのつくった色とりどりの絵本、Tシャツやポストカードなどのグッズが販売されています。年間の売上部数は絵本だけでも約500部で、その他のグッズも人気。例えば［本の子ども］のカレンダーは大手書店でも販売されており、年間3000部以上の売上があるといいます。子どもたちはこのように、お話の構想、図版の作成、ブックデザインといった本づくりのプロセスだけでなく、出版、販売という一連の流れまで体験しながら学ぶことができるのです。

［本の子ども出版］から出版された数々の絵本たち　　　©Buchkinder e. V.

［本の子ども］は、現在ライプツィヒの西と東の2ヶ所に工房をもち、加えて2013年からは幼稚園も経営しています。これまでに4〜16歳の子どもたち約1,000人が絵本をつくり、できあがった絵本は約500種類にも及びます。本部のある西工房は週に4日間、東工房は週に1日開けられています。西工房の参加費は月に30ユーロで、兄弟のいる子どもや生活保護受給世帯の子どもは20ユーロに割り引かれます。東工房の参加費は、経済的に厳しい家庭が多いことを理由にすべて無料にしています。

　2019年時点で、人件費を受け取る雇用されたスタッフ16人と、20人前後のボランティアスタッフが運営を支える大所帯。ソーシャルワーカー、アーティスト、学生などが主な運営者です。2名の代表のほか、広報、経理、コース運営、デザインなど、スタッフには明確な役割分担がなされています。収入源は、スポンサー企業や個人からの寄付、行政や財団からの助成金、参加料、本やカレンダーなどの売上です。このうち、助成金と寄付金が収入の約5割を占め、参加料が3割、売上が2割を占めています。

## アパートの空き部屋で始まった活動

　今でこそ2つの工房とひとつの幼稚園を経営し、ライプツィヒを代表する住民の活動となった［本の子ども］ですが、もともとはアパートの一室で始まりました。当時、放課後に子どもたちが集う場所をつくりたいと考えていたベルギットさんとその仲間2人は、2001年に南地域のアパートの空き部屋を見つけます。ライプツィヒの住宅公社が所有していた物件で借り手がつかず、［本の子ども］が使いたいと申し出たところ格安の家賃で貸しだしてくれたといいます。まずは自分たちの子どもたち、その友だちを招いて絵本をつくる会を始めます。それが口コミで伝わり、徐々に多くの子どもた

ちが訪れるようになりました。

　活動が大きくなると最初の部屋では手狭になり、より大きくかつ家賃の安い活動場所が必要になりました。そこで目に止まったのが2005年当時始まったばかりの、ハウスハルテンの「家守の家」でした。リンデナウ地区の中心部であるデメリング通りの建物の一階部分を、5年間限定で利用しはじめます。広さは165㎡で、子どもたちが制作を行う作業スペース、版画の工房スペース、事務所兼倉庫、トイレを備えていましたが、家賃は無し。ベルギットさんは、「当時、都市の縮小に直面していたライプツィヒには今よりもさらに多くの空き家があり、初期の活動場所は簡単に見つけることができ、活動もすぐに軌道に乗りました」と振り返ります。彼女らの夢は、当時のライプツィヒが人口減少と空き家問題に直面していたからこそ実現したといえるでしょう。

## 空き家の暫定利用を手がかりに活動が本格化

　「家守の家」のプログラムを利用することで、初めてきちんとした拠点をもった［本の子ども］。これにより、水を得た魚のように活動が盛り上がります。2006年からは毎年ライプツィヒのブックフェスティバルに参加するようになりました。参加者が順調に増えてきたことから、2007年にはライプツィヒ北部の印刷工房を借り、絵本の印刷と製本を独自に行うように。市の文化局と青少年局の拠出する助成金の常連となり、2008年にはザクセン州の大手ガス会社がスポンサーとなって活動資金の援助を申し出ます。2009年には、子どもが絵本を出版するプロセスが評価され、ライプツィヒ市商工会議所の創業者賞（Gründerpreis）を受賞。同年、大手電力会社（Stadtwerke）と建設会社（Freyler Industrybau GmbH）もスポンサーに加わります。またゲーテ・インスティテュート（ドイ

ツの公的文化財団）と協働することで、2006年から2011年の間にネパール、ナイロビ、ヨハネスブルグ、ワルシャワ、リオンなど、世界中の都市で［本の子ども］のワークショップを開催。さらに北部の小学校（Oeser-Schule）でも定期的にワークショップを開くようになりました。

2010年には市内東地域にあらたな工房が開設されます。空間は住宅地の一角で、70㎡と小ぶりながら、版画用の工房と作業スペースが設置されています。［本の子ども］のファンだというオーナーの好意により、この工房は家賃なしで利用しています。工房の周辺には低所得者や移民が多く住んでいることから、前述のとおり参加費を取っていません。

**東工房**
2010-
70㎡

東地域の工房は住宅街の一角にこぢんまりと佇んでいる

2000年代後半のデメリング通りの「家守の家」
地上階部分の左側を［本の子ども］が利用していた時代

**デメリング通りの「家守の家」**
2006-2013
165㎡

後述するように、「家守の家」の期間終了後、次の新工房を整備し引っ越すための資金をクラウドファンディングで得たり、幼稚園経営が始まったりとさらなる展開がありましたが、これも「家守の家」の利用期間中に形成された行政、企業、個人とつながりがあったからこそ可能となりました。このようにアパートの一室で小さく始まった活動は「家守の家」によって自分たちの工房を手に入れ、活動が本格化し、人的ネットワークを広げていきました。

## クリエイティブな「失業者」

［本の子ども］の初動期を支えたもうひとつのキーは「失業者」です。ライプツィヒには、ライプツィヒ大学をはじめ、美術大学、音楽大学、応用科学大学など数々の高等教育機関が存在し、多くの若者が住んでいるにもかかわらず、2000年代当時は、卒業後にフルタイムの職を得られるのはごく一部の人に限られていました。ほかの都市に職を求めて引っ越す人がいる一方、在学中から［本の子ども］のような社会的意義の大きい非営利団体で活動していた若者のなかには卒業後もライプツィヒにとどまり、活動に関わりつづけたいと考える人びとも多数いました。しかし非営利団体に所属することで十分な収入を得られることはなかなかありません。いくらライプツィヒは生活費が安いとはいえ、一定の現金収入は必要です。短期間ならまだしも、長く活動に関わるためにはボランティアでは続きません。

そこで［本の子ども］を含む多くの非営利団体が活用していたのが、失業中の人が非営利団体で活動することに対してその人件費を補助するという、連邦政府の「雇用促進プログラム（Beschäftigungsförderung）」でした。［本の子ども］は、2001年の活動開始から10年間で通算40人ほどのスタッフが活動に関

わってきましたが、その約80%
の人びとが「雇用促進プログラ
ム」から人件費を得ていたとい
います。ベルギットさんは、「芸
術や教育学などの大学教育を受
けた専門知識とモチベーション
をもつ、『クリエイティブな失業

［本の子ども］の初期メンバー、右端がベルギット
さん
©Buchkinder e. V.

者』が、このプログラムのおかげで活動に継続的に関わることがで
きました。『本の子ども』は彼らなしでは成り立ちません」と当時を
振り返ります。

　このように、資本も空間ももたない人びとが始めた活動が、ここ
まで成長してきたその背景には、「空き家」と「クリエイティブな失
業者」というライプツィヒ独自の都市的な状況があったのです。

## 拠点の引っ越しと幼稚園経営のスタート

　ここまで順調に活動を拡大し、多くのスタッフを擁して精力的に
イベントを行ってきた［本の子ども］でしたが、2011年に状況が
大きく変わります。連邦政府の「雇用促進プログラム」が実質的に
廃止されたため、それまでスタッフに支給していた人件費が賄えな
くなりました。変化は重なるもので、2012年末に「家守の家」の
暫定利用期間が切れ、引っ越し先探しとそれに伴う費用の捻出も急
務となりました。これらの影響が重なり、2012年の絵本の出版数
はそれまでの年の半数にまで落ち込み、活動が一時期停滞します。

　次なる拠点として、西地域の元郵便局の物件が見つかります。こ
の物件は300㎡と十分な広さをもちますが、改修を自ら行うこと
を条件に、家賃は月々800ユーロと比較的安く抑えられています。
引っ越し費用と元郵便局の改装費用はクラウドファンディングで

あつめることとなりました。必要額を1.2万ユーロとしていましたが、それを大きく上回る1.6万ユーロ（約200万円）の資金が一般市民からあつまります。この資金によって西工房の引っ越しと改修を行い、2013年冬、元郵便局は工房にうまれ変わりました。大部屋には作品の展示コーナー、工房コーナー、作業コーナーがあり、

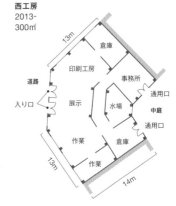

西工房
2013-
300㎡

作品づくり、版画、印刷、製本までをすべてこの空間でできるようになっています。

　もうひとつの大きな変化が幼稚園の経営です。ライプツィヒ市の人口は2010年代に入って急増。以降ベビーブームがおこり子どもの数が増えました。幼稚園が足りず、市は新規幼稚園の開設を担える運営者を探しはじめます。このとき白羽の矢が立ったのが、幼児教育の経験とノウハウを蓄積してきた［本の子ども］でした。リンデナウ地区協会の協力のもと、地区の中心であるヨーゼフ通りの敷地を確保し幼稚園建設が始まります。2013年夏に［本の子ども幼稚園］が完成、120人の子どもを迎え入れました。

　現在、［本の子ども幼稚園］には20人の専属スタッフが雇用されています。さらに［本の子ども幼稚園］が［本の子ども］に、ワークショップや工房の管理などの業務委託をすること

建設中の［本の子ども幼稚園］（2012年）

で、［本の子ども］のほうの経営も安定するという好循環がうまれました。

　一般的に、社会的・公益的な活動を行う非営利団体は、補助金頼みの経営になりがちです。しかし2011年に「雇用促進プログラム」が廃止されたことを機に、［本の子ども］のメンバーは、補助金だけに頼ることの危うさを思い知ります。これをきっかけに幼稚園の委託事業に乗りだしたり、積極的に絵本やカレンダーを販売したり、さまざまなメディアを通じて活動に賛同する企業や個人からの寄付金を募ったりと、多様な収入を組み合わせることでリスクを分散させ、経営を安定させてきました。

2013年にオープンしたあたらしい工房。印刷も行うことができるようになった

106

## 公益的な事業への展開: 絵本づくりを通じて地域課題に挑む

「地域社会の状況に合わせ、子どもたちにどんな創造的チャンスが必要なのか考えることが大事なのです」とベルギットさんが語るように、[本の子ども]は現在、絵本づくりを通じて子どもと地域社会の課題に挑む団体として認知されています。「絵本づくり」という活動の独自性や教育的意義、社会的な意義が評価され、さまざまなメディアで注目され、これまでに数々の賞を受賞してきました。またライプツィヒをお手本にベルリン、ミュンヘン、ハンブルグなどほかの16もの都市で[本の子ども]が行われるようになりました。

自分たちの子どもたちに楽しんでもらいたいという、とても個人的目的で始まった活動が、2007年に「家守の家」を利用して拠点をもつことでより多くの子どもたちに向けた活動に変化し、さらに2010年に東地域で工房をもってからは貧困家庭や難民の子どもたちの心のケアになることを意識した活動を、そして2013年に幼稚園経営に乗りだしてからは本格的な幼児教育を行うまでになりました。活動のプロセスの中で、目的が個人的なものから、より公益的・社会的なものへと変化していったことが特徴といえます。

## 活動の安定とチャレンジは両立しない

ここまで見てきたように、[本の子ども]はまるで住民活動のお手本のように、年を追うごとに確実に成熟していきました。一方、活動が拡大・安定したことで、難しくなった点もあります。運営規模が大きくなった2013年前後から絵本づくりにしても幼稚園にしてもルーティーン・ワークに多くの人員と資金が割かれるようになります。その結果、外国の団体とのワークショップやほかの団体との

協働プロジェクトなど、初期に力を入れていた他分野、他団体、他国を関わる活動、言わば収益性の不確かなプログラムは行われなくなっていきました。今ある活動を安定的・継続的に「まわす」ことと、成功するかわからない、あらたな活動に「チャレンジする」ことは、なかなか両立しないということが見えてきます。

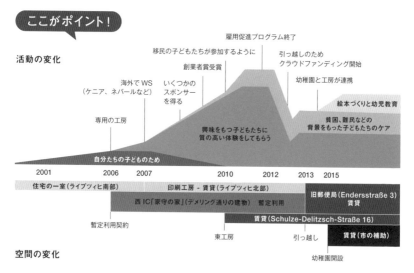

ここがポイント！

**活動の変化**

雇用促進プログラム終了

移民の子どもたちが参加するように

創業者賞受賞

海外でWS
（ケニア、ネパールなど）

いくつかのスポンサーを得る

引っ越しのため
クラウドファンディング開始

幼稚園と工房が連携

専用の工房

興味をもつ子どもたちに質の高い体験をしてもらう

絵本づくりと幼児教育

貧困、難民などの背景をもった子どもたちのケア

自分たちの子どものため

2001　2006　2007　　　　2010　　2012　2013　2015

住宅の一室（ライプツィヒ南部）

印刷工房 - 賃貸（ライプツィヒ北部）

旧郵便局（Endersstraße 3）
賃貸

西IC「家守の家」（デメリング通りの建物）　暫定利用

暫定利用契約

賃貸（Schulze-Delitzsch-Straße 16）

東工房

引っ越し

賃貸（市の補助）

幼稚園開設

**空間の変化**

[本の子ども]の活動と空間の変化。上が活動の変化（盛衰）、下が空間の変化を表している*3

- 暫定利用期間中に活動の基礎ができた
- 「自分たちの子どものため」から始まり、徐々に社会的な目的へと変化した
- 期間が長くなるにつれ活動が安定していくが、あらたな活動は減っていった

# ロースマルクト通りの中庭

## プライベート空間を地域に開く

| | | |
|---|---|---|
| **名　　称** | Hintergarten Roßmarktstraße | |
| **活　　動** | 子どもたちの遊び場づくり | |
| **立　　地** | 西地域の中心部 | |
| **空　　間** | 住宅の中庭（3,440㎡） | |
| **活動開始** | 2003年 | |
| **運営者** | 約15人　主にリンデナウ地区協会のメンバー | |
| **利用者** | 約10〜20人／週（主に近隣の人びと） | |
| **運営資金** | 自己資金 | |

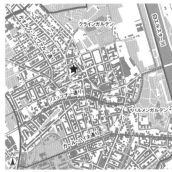

［ロースマルクト通りの中庭］の立地

©Google

## 24時間365日立ち入り「自由」な住宅の中庭

　西地域の閑静な住宅街を歩いていると、「立ち入り自由」という看板が掲げられている門があります。のぞいてみると、民家の庭に続いているようで、一見入りづらいプライベートな雰囲気。本当に入っていいのかしらと数秒思案した後、恐る恐る門を開いてみると、手入れの行き届いた静かな中庭が広がります。広々とした空間の一角にブランコや砂場などの遊具が置かれ、小さなハーブ園があったり、手づくりのピザ窯があったり、リラックスした空間が迎えてくれま

す。ここが［ロースマルクト通りの中庭］。広さは3,440㎡、グリュ
ンダーツァイト建築である瀟洒な集合住宅に囲まれ、教会やマー
ケットに近く、リンデナウ地区の中心部に位置しています。ひっそ
りと佇むこの何気ない中庭ですが、じつはライプツィヒの住民によ
るまちづくりの黎明に、とても重要な役割を果たしました。

## 革命世代による暫定緑地の整備

ロースマルクト通りは1990
年代のリンデナウ地区のなか
でも特に衰退の激しい通りで、
200メートルほどの通り沿いに
住宅は5棟しか建っておらず、
通りには5人ほどしか住人がい
なかったほど。

「立ち入り自由」の看板が掲げられた門（上）の中は近所の子どもたちが遊びにこれる庭となって
いる

　2001年、この通りで長年空き家となっていた物件に、4組の家族が引っ越してきます。そのうちの2組は、リンデナウ地区協会の主要メンバーの家族でした。そのうちの1組はライナー・ミュラーさん<sup>(p.60参照)</sup>とそ

1990年代のロースマルクト通り

の家族です。当時の物件の土地と建物の所有者はプロ・ライプツィヒという住宅組合（Wohnungsgenossenschaft）で、リンデナウ地区協会のメンバーたちもプロ・ライプツィヒの会員でした。4組はみないわゆる「革命世代」であり、それぞれ知り合いで、子どもたちもだいたい同年代。どんな住宅に改修するか逐一話し合いながら、改修工事は、その大部分をDIYで進めていきました。

　その物件の裏に、金物を製造していた工場の廃墟がありました。遊び盛りの子どもたちを抱える彼らは、この廃工場を取り潰すことで自分たちの中庭がとてつもなく広くなることを思いつきます。子どもたちを安心して遊ばせられる場所が自分たちの中庭にあれば理想的です。しかし取り壊しの費用は膨大。そこで考えだしたのが、所有者に建物を取り壊してもらうことで暫定緑地とするという方法でした。当時ちょうど利用許諾協定<sup>（コラム1・p.86「暫定緑地」を参照）</sup>が開始されていました。住民たちは所有者であるプロ・ライプツィヒに掛け合い、市と利用許諾協定を結ぶよう促します。あわせてミュラーさんたちは、本来は所有者が担う前提だった緑地の維持管理を、自分たち住民が担うと申し出ます。そうすることで、自分たちの理想とする中庭を自分たちでつくりだすことができると考えたからです。所有者はこれを承諾し、2002年に市と利用許諾協定を結び、住民とは管理委託契約を結びます。所有者は、市から金物工場の取り壊しと暫定緑

地造成のための助成を受けて建物の撤去を行い、基本的な緑地造成を施した後、住民たちが空間づくりを引き継ぎました。

## 安全と自由を両立させる: 地域の子どもたちに開かれた緑地

広い空き地を手にした住民がまず行ったのは、通りと敷地を隔てる柵をつくることでした。リンデナウはなにせライプツィヒの下町ですから、道から人が直接入れるようにすると、ゴミや犬のフンが散乱してしまいます。しかしただの柵ではいかにも芸がありません。そこで家の改修のときに出てきた床板を再利用し、子どもたちがデザインを担って、ロースマルクト通りに住んでいる人や動物などをモチーフにした彫刻を施しました。子どもや猫、りんごなどに混じって、「いつもお酒を飲んでいる大工さん」や「ビール」などの彫刻も混じっているところが、当時の地区の状況を表しています<sup>(p.114図参照)</sup>。中庭の一角には、子どもたちの遊び場に加え、ピザ窯、木材の加工を行う工房、遊具をしまうための倉庫などが整備されました。また、工場の壁や柱をあえて一部残し、モニュメントのようにしているところも特徴的です。

2003年、[ロースマルクト通りの中庭]が正式にオープンします。オープニングセレモニーには約200人があつまりました。参加者にはそれぞれ、苗木をもってきてもらい、記念に植樹しました。以来近隣に開放された[ロースマルクト通りの中庭]は、子どもたちの遊び場や近隣の人びとの交流拠点として親しまれ、地域のお祭やさまざまなイベントで使われるようになり、アスレチックやバーベキュー場なども整備されていきました。

この中庭の特徴として重要なのは、24時間365日、誰にでも開放されているということです。プライベートを重んじるドイツでは、

中庭を常に開放するということは普通のことではありません。それでも開放されているのは、利用許諾協定によってつくりだされた緑地は「近隣に開放された緑地として整備すること」が（一応の）条件となって

[ロースマルクト通りの中庭]

いるためです。管理する住民側としても、近隣の子どもたちがいつでも自由に遊びに来れる空間をつくりたい考えており、メインの入り口だけでなく中庭に面しているほかの家からも直接中庭にアクセスできるようにしています。とはいえ、道に面したメインのエントランスを常に開けておくことは、防犯上好ましくありません。その点は住民たちが情報を共有し、飲んで騒いだり、ゴミを放置するなど好ましくない使いかたをする人がいたら注意するという自治の精神で対応しています。ちなみに犬を連れて入ることや、イベントのとき以外は庭での飲酒も遠慮してもらっています。利用者に節度をもった利用を促しつつも、禁止のルールを振りかざすことは極力避けて、コミュニケーションをとりながら開放を可能としているのです。

　こうして行政にも市場にも手がつけられなかった衰退地域において、手入れが行き届いていて、しかも地域に開かれた緑地が、住民らの手によって実現しました。[ロースマルクト通りの中庭]は話題を呼び、これを契機としてライプツィヒ各所で暫定緑地の住民管理が行われることとなります。

## 住民の世代交代：子どもたちの成長と庭のプライベート化

　2013年には暫定利用期間が終了しますが、プロ・ライプツィヒに中庭を開発する計画が無いため、その後、2020年現在に至るまで暫定

利用が継続しています。付近の住宅需要が高まっているものの、所有者であるプロ・ライプツィヒはメンバーの合意なしには中庭を開発しないということを確約しているため、この空間は緑地として維持される見通しです。現在にいたるまで、リンデナウ地区協会の会合が月に1度ほどのペースで継続して開かれており、中庭の運営についても話し合われてい

子どもたちがつくった木の柵

工場の壁と柱をあえて残した庭園デザイン

ます。中庭の維持管理にかかる費用は、今でも利用許諾協定に基づき所有者であるプロ・ライプツィヒが支払っています。樹木の剪定、芝生や建物の管理などは地区協会のメンバーが中心となって行っています。

　ロースマルクト通りの中庭は、開始から15年以上経過した現在でも、とてもよく手入れされています。しかしその一方、メンバーの子どもたちが大きくなり、友だちと中庭でワイワイ遊ぶことはなくなりました。リンデナウ地区協会自体が高齢化し、住居棟にも次の世代が入ってこないため、「自分たちの子どもたちのために遊び場をつくる」という当初のモチベーションは薄れていきます。庭にあらたな仕掛けや活動がうまれることもなくなり、メンバーたちの加齢に合わせて、地域の大人たちがゆっくりくつろげる緑地として

いきたいと考えているそうです。そうはいっても、相変わらず開放することで中庭が汚されたりゴミが放置されるという問題は定期的におこっています。自分たちの子どもたちのためという目的が無くなった現在、メンバーは現在必ずしも好んで開放しているわけではありません。中庭の管理にこれ以上手間をかけたくない、できれば完全にプライベートで使いたいということが、大半のメンバーの本音のようです。

現在も中庭はきれいに整っているが、あまり活発に使われていない

ここがポイント！

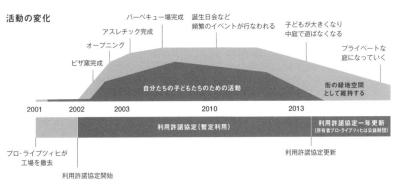

**活動の変化**

ピザ窯完成
オープニング
アスレチック完成
バーベキュー場完成
誕生日会など頻繁のイベントが行なわれる
子どもが大きくなり中庭で遊ばなくなる
プライベートな庭になっていく

自分たちの子どもたちのための活動

街の緑地空間として維持する

2001　2002　2003　2010　2013

利用許諾協定（暫定利用）

利用許諾協定一年更新
（所有者ブロ・ライブツィヒは公益財団）

プロ・ライブツィヒが工場を撤去

利用許諾協定開始

利用許諾協定更新

**空間の変化**

［ロースマルクト通りの中庭］の活動と空間の変化*3

●自分たちの子どもたちのための空間を、行政の仕組みを活用してつくった
●管理する住民の代替わりが無いため、暫定利用期間の10年が過ぎた後はあらたな活動はうまれていない

## みんなの庭

### ゴミだらけの空き地に生まれた都市農園

No.3

| 名　　　称 | Nachbarschaftsgärten e. V. |
|---|---|
| 活　　　動 | 都市農園・近隣の人びととの憩いの場づくり |
| 立　　　地 | 西地域の中心部 |
| 空　　　間 | 住宅街の空き地（730㎡［最大時は5,790㎡]） |
| 活動開始 | 2004年 |
| 運営者 | 約30人　地元の住民（特に子どもをもつ家庭）・アーティスト・学生など |
| 利用者 | 約50〜200人／週（主に近隣の人びと） |
| 運営資金 | 助成金・自己資金・寄付金 |

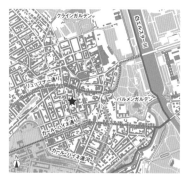

［みんなの庭］の立地

©Google

### 子どもたちの歓声が響きわたるコミュニティガーデン

　ロースマルクト通りにほど近いヨーゼフ通りは、落ち着いた住環境が評判で子育て世代に人気のある通りです。改修が行き届いた住宅が立ち並ぶきれいに整備された通りを歩いていると、木々が盛り盛りと生い茂る一角から、子どもたちの歓声が聞こえてきます。入り口には手書きの看板が掲げられています。好奇心にかられて入ってみると、裸足で駆け回る子どもたちと、その傍らでビールを片手にバーベキューをしながらおしゃべりをしている大人たちの姿が。

敷地内には、野菜が植えられたプランター、キッチンとバー、自転車の修理工房や木工房があり、なんとも楽しげ。夜には電飾が煌めき、野外コンサートが開かれることもあり、日夜近隣の人たちが集います。ここが［みんなの庭］、ライプツィヒでは老舗のコミュニティガーデンです。

　運営チームは約30人。人件費を受け取っている人はおらず、全員ボランティアで関わっています。非営利のNPO法人として登記していて、必要経費は個人、団体からの寄付金によって賄われ、イベントによっては公的な助成金を受けています。キッチン、自転車工房、木工房では使う人がそれぞれ寄付をする形を取っており、決まった利用料がありません。経済状態にかかわらず、誰でもすべての空間を利用できるようにしているのです。夏季にはほとんど毎日開園していて、自転車を修理したり、バーベキューしたり、卓球したり、植物の世話をしたり、ギターを爪弾いたりと、それぞれの人びとがゆったりと思い思いの時間を過ごしています。

## 親たちの行動力：衰退地域に子どもの遊び場をつくりたい

　今からは想像できませんが、ヨーゼフ通りはロースマルクト通りと並び、西地域のなかでも衰退が激しい通りでした。現在［みんなの庭］がある場所も、1990年代までは大きな空き地として取り残された場所でした。2003年、前に紹介した［ロースマルクト通りの中庭］の活動を目の当たりにした3人の近隣住民が、この大きな空き地に子どもを安心して遊ばせられる場所をつくりたいと、リンデナウ地区協会に相談します。彼女・彼ら自身も、子どもをもつ親。リンデナウ地区協会は、早速この大きな空き地の所有者を調べます。すると登記上9つの敷地に別れ、4組の所有者がいることが判明しました。地区協会のメンバーは、［ロースマルクト通りの

中庭〕での経験を活か
し、市の職員の協力を
得ながらそれぞれの所
有者に連絡をとり、住
民が暫定的にこの空き
地を利用できるよう交
渉しました。所有者と
しても長年放置してき
た敷地を住民らが無償
で片づけ、維持管理し
てくれるならと、住民
による暫定的な利用契
約に同意します。期間
は概ね5年とされまし
た。こうして2003年
の秋には、住民たちが

夏の昼間にプールを引っ張りだして水遊び（上）
夕方にコンサートの準備をする人びと（下）
©Nachbarschaftsgarten e. V.

約6,000㎡の大きな空き地を暫定的に利用できる状態になりました。

　さて、使える敷地は手に入ったものの、だだっぴろい空き地は荒
れ放題。草が生い茂り、ゴミが放置され、廃墟と化した倉庫がポツ
ンと立っている状態でした。彼らがまず最初に手を付けたのは、ゴ
ミの片づけ。屋外だけでなく倉庫の中にもゴミが詰め込まれていた
ため、すべて撤去するのは大変な作業だったそうです。処分したゴ
ミの総量は巨大なコンテナ3台分に及んだといいます。

　その後、農園の整備と建物の改修が始まります。空間づくりにメ
インで関わったのは50人ほど。近隣の人びとに加え、EUの青年
ボランティア派遣プログラムを活用してポーランドやイタリアから
若者たちを受け入れたり、子どもたちや学生を巻き込んで空間をつ

2004年初頭、ゴミだしが一段落した状態の［みんなの庭］。左端の2階の窓が潰されている建物が後に本部棟となり、コンテナの置かれている空間が後に前庭となる

農園で使う土を運ぶ子どもたち（左）とDIYで本部棟の改修をするメンバー　2階の窓穴を開けている（右）　　　　　　　　　　©Nachbarschaftsgarten e. V.

くっていきました。廃墟となっていた建物は、本部棟と自転車工房としてDIYで改修されました。

　こうして2004年秋、ほぼ丸1年かかった片付け・改修が終わり、晴れて［みんなの庭］のオープニングパーティが開かれました。その後も空間づくりは続きます。北側の敷地には農園が整備され、

2005年には建物の中にキッチンと木工房がオープンします。また雨の日や冬場でもみんなが使える小屋がほしいという声を受けて、2006年春には「わら漆喰の家」の建設が始まります。これもやはり手づくり。基礎のコンクリートは近隣の住宅開発のときに余ったものをもらい、窓やドアも廃墟となった住宅からもらってきたものを使いました。3ヶ月ほどかけて完成。建設費の3,500ユーロは、寄付金を募って賄ったといいます。中には小さなキッチンがあり、子どもたちの誕生日会などが頻繁に開かれるようになりました。2007年夏には豚小屋とピザ窯が完成。豚小屋には母豚と4匹の子豚がやってきて、またたく間に子どもたちのアイドルとなりました。

　こうして、片付けから空間づくりまですべて手づくりの庭は、オープニングパーティからたった数年で、ヨーゼフ通りだけでなくリンデナウ地区、ライプツィヒ全体からも人が訪れる人気の場所になっていきました。

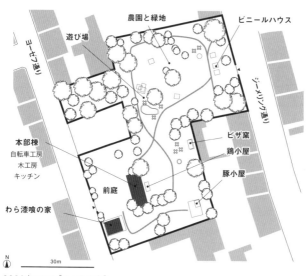

2008年ごろの［みんなの庭］

## 住民が自ら手がける空き地活用のモデルケースとなる

2007年9月には都市再生・住宅整備局との共催で、まちづくりワークショップ「空き地サロン」が行われました。テーマは「市民による空き地の利用」で、[みんなの庭]をモデルケースとして、住民が自分たちで自分たちに必要な空間をつくることについて話し合われました。このワークショップは話題を呼び、連続イベントとして毎年行われるようになります。2018年までに5回[みんなの庭]で開催され、住民参加や都市計画、西地域とライプツィヒのまちづくりなどさまざまなテーマが話し合われました。このように、[みんなの庭]は自分たちの子どものための空間をつくりたいということから始まった活動でしたが、徐々に近隣の人びとのための開かれた緑地空間となり、さらにその後、行政と協働したワークショップを通じてまちづくりや都市計画など、より大きなテーマを扱う拠点となっていったのです。

立ち上げから5年が経過した2008年、空間的な整備がだいたい完了し、活発にイベントが行われ、人的なネットワークが広がり、活動が地域に定着したことを受け、運営メンバーは[みんなの庭]をNPO法人として登記し、リンデナウ地区協会から正式に独立します。またこのタイミングでメンバーの代替わりがおこりました。リンデナウ地区協会から関わってきた人は運営の第一線から退き、あらたに地区に入ってきた若い家族が運営を担うようになりました。その後も何度か代替わりがありますが、基本的には近隣に住む子どもをもつ親たちが一貫して活動の中心にいます。そのほか、市役所の職員、都市計画家や建築家、学生、アーティスト、自転車愛好家など、多様な属性をもつメンバーが知恵を持ち寄る体制が築かれていきました。

2010年代に入る頃には農園も充実し、約50世帯、300人ほど
が関わる大所帯に。月に2回の定例会議が始まり、情報を共有する
ためにWEBやSNSも活用されるようになります。

現在の本部棟と前庭　ベンチや卓球台が置かれのんびりできる（左）本部棟1階の自転車工房
にはたくさんの工具があり、自分で自転車を直したりつくったりすることができる（右）

農園の様子。じゃがいも、豆、トマト、ズッキーニなどが植えられていた

「わら漆喰の家」の基礎をつくってい
るミュラーさん（p.60参照）と仲間

完成した家、広さは20㎡ほど

©Nachbarschaftsgarten e. V.

## 押し寄せる再開発の波：9割の土地を失うという試練

　このように順調に活動が広がっていった［みんなの庭］ですが、その後大きな変化の渦に巻き込まれていくことになります。［みんなの庭］の9つの敷地は、前述の通りそのほとんどが5年間の暫定利用の契約を所有者と結んでいました。2008年にその期限を迎えた後、契約は1年更新となります。ちょうどそのころから西地域の人口が増加し、ヨーゼフ通り沿いでも不動産価値の上昇が始まりました。メンバーの1人であるミヒャエル・クワードフリークさんは、この状況が［みんなの庭］に良からぬ影響を与えることを機敏に察知し、2010年に本部棟の土地（約530㎡、図中H）と建物を3万ユーロ（約400万円）で個人的に買い取りました。当時を振り返ってミヒャエルさんは、「僕はハンブルクやベルリンで、ジェントリフィケーションがどのようにおこるのかを嫌というほど見てきた。だからあのときは『今買わないともうチャンスはない』ってすぐにわかった。ほかのメンバーは『こんな衰退した地区の土地をそんな高い値段で買うのかい？』って驚いていたけどね」と語ります。

　しかし彼の予感は完全に的中します。まず2011年にヨーゼフ通り沿いの小さな敷地（190㎡、図中A）が北隣りの敷地所有者に買

開発によって面積が縮小していった［みんなの庭］

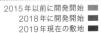
2015年以前に開発開始
2018年に開発開始
2019年現在の敷地

| A | 190㎡ |
|---|---|
| B | 1,260㎡ |
| C | 600㎡ |
| D | 470㎡ |
| E | 660㎡ |
| F | 1,040㎡ |
| G | 840㎡ |
| H | 530㎡ |
| I | 200㎡ |

ピーク時：　計5,790㎡
現在：　　計　730㎡

い取られ、住宅建設が行われます。ほかの敷地も、所有者が売りに
だすような気配を見せます。これに危機感を抱いたメンバーは同年9
月の「空き地サロン」のテーマを「『みんなの庭』の未来 — 所有か利用
か」として、敷地を買い取るべきか暫定利用を続けるべきかというこ
とについて、近隣住民やほかの地区の人びとを含めて話し合いました。

　開発の足音が忍び寄ってくる一方で、[みんなの庭]はますます関
わる人びとが増えて知名度が上がり、皮肉なことにライプツィヒを
代表する都市農園として認知されるようになります。2013年には、
ベルリンの[プリンセスガーデン]、ケルンの[ノイランド・ケルン]
など、ドイツの各都市を代表する都市農園8組が[みんなの庭]に
あつまり、交流イベントが行われます。活動がピークを迎えたタイ
ミングで、[みんなの庭]は奇しくも活動史上最大の選択を迫られま
す。2013年12月に、[みんなの庭]のじつに7割の敷地（4,030㎡、
図中B〜F）が一斉に売りにだされたのです。到底メンバーが自己
資金で購入できる規模ではありません。そこでメンバーたちは、こ
れまで地域に貢献してきた実績をアピールし、2014年、市に土地
の購入を請願します。その際のスローガンは「隙間にしておく勇気
（Mut zur Lücke）」。開発ではなく、あえて「隙間」を都市に残す
ことでこそ、その地区は豊かな価値を維持できるのだ、というメッ
セージでした。とはいえ、市がすべての敷地の買い上げを行うの
はさすがに非現実的だと悟った
メンバーは、本部棟の立ってい
る敷地の裏（図中F）に限定した
買い上げを市に請願します。所
有者の提示した値段は約10万
ユーロ（約1,300万円）。政治家
へのロビーイングや署名活動が

開発された元の敷地（2017年）

盛んに行われ、［みんなの庭］の存亡をかけた大きなキャンペーンとなりました。しかしながらこの騒動の最中の2014年末、みんなで手づくりした「わら漆喰の家」で火事がおこり、建物が全焼します。その後小屋が再建されることはありませんでした。

　［みんなの庭］の先行きの不安を暗示しているかのような事件を経て2015年の夏、ライプツィヒ市議会でこの請願を受け入れるかどうかの決議が行われましたが、結果は否決。これを受け、最終手段として自己資金を使ってでも敷地を買い取るべきかどうかで、メンバー間で意見が対立します。［みんなの庭］の立ち上げから関わっている初期メンバーたちは買い取りを主張し、あとから入ってきた若いメンバーは買い取りに否定的でした。議論の末、最終的に自己資金での買い取りは行わないことになります。同年12月には再度あらたな所有者との間にまだ開発が決まっていない敷地（FとG）について、市の仲介で1年更新の暫定利用契約が結ばれました。しかし2016年に入ると次々と住宅開発が始まり、［みんなの庭］は農園部分（B〜D）をすべて失います。

　さらに2017年夏、敷地FとGも開発されることが決定します。2018年春に退去し、［みんなの庭］はとうとうミヒャエルさんが個人的に購入した敷地（530㎡、図中H）と、ドイツ国鉄の所有する小さな敷地（200㎡、図中I）のみとなって現在にいたります。面積としては、ピーク時の12%にまで減少しました。

## 持ち前のDIY精神で次なる展開へ

　行政は、この［みんなの庭］をリンデナウ地域の再生拠点として認識し、多くのイベントやワークショップを協働して開催していたにもかかわらず、開発圧力が高まった後に市が「みんなの庭」の敷地を買い上げて「守る」ことはありませんでした。市の都市再生・住宅整備局

の西地域担当ベルギット・ゼーベルガーさんは、「もちろんわたしたちとしても、［みんなの庭］の敷地を維持したかった。けれどドイツでは『私有財産は神聖なもの』なのです。所有者に土地の処分を強制することはできません。それに税収を第一に考える役人たちを説得することや、『市税の公平な分配』を重んじる政治家に対し、［みんなの庭］の特別な意義を理解してもらうのは難しかったのです」と述べます。たしかになぜ［みんなの庭］だけを（特別に）税金をつぎ込んで守らなければならないのか、という点については議論が分かれるところでしょう。

その一方で、例えば農園で収穫したものをブランディングして販売したり、レストランやカフェを併設して「稼ぐ」という選択肢もあったはずです。しかし［みんなの庭］のメンバーは、そもそも「稼ぐ」という点にあまり興味がなく、むしろそれから距離を取ろうとしています。「ビジネスにすると、この場所にくる人が『お客さん』と『店員』に分かれ、［みんなの庭］が『みんな』のものではなくなってしまう。それではこの活動をしている意味が無いんだ」とミヒャエルさんは語ります。事実、彼は絶妙なタイミングで最も重要な敷地を「ポケットマネー」で買いとったのち、形式上は［みんなの庭］に賃貸していますが、家賃収益は得ていません。しかも自分自身は普段ケルンに住んでおり、現メンバーに管理運営をすべて任せています。年に数回ライプツィヒに帰ってきては、みんなの庭の片隅にテントを張って寝泊まりしているそうで、彼としては敷地を買い取ったことで得た経済的なメリットはまったくないのです。なぜ自分が住むわけでもない土地を買って、それもほぼ無償で貸しているのかと聞くと、「そりゃ僕自身、［みんなの庭］が好きだからさ！」とのこと。

そもそも自分の子どもたちのための場所がつくりたかったという動機から始まったこの活動。自分たちがやりたいからやる。活動空

間は1割にまで縮小しても、この DIY 精神が［みんなの庭］の存続を最後に支えたといえるでしょう。

あたらしく塗り直した本部棟の前に立つミヒャエルさん

2020年に入り、現メンバーは、西地域の郊外ロイッチ地区に 7,000 ㎡ の大きな敷地を確保し、再びコミュニティ農園を整備しはじめています。［みんなの庭］の再出発が始まります。

ここがポイント！

**活動の変化**

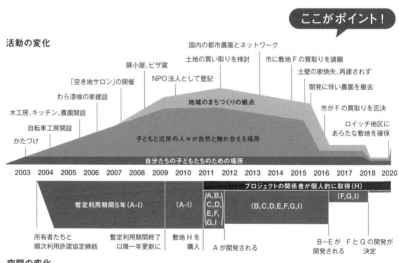

［みんなの庭］の活動と空間の変化*3

**空間の変化**

- 暫定利用契約によって住民たちが大きな敷地を確保し、豊かで活動的な空間がうみだされた
- 開発圧力が高まることによって、どうやって活動を存続させるのかについてさまざまな議論と試行が行われた
- 行政との関係が形成されたものの、［みんなの庭］が保護されることはなく、最終的にはメンバーが「ポケットマネー」で買い取られた敷地で活動がつながった

# ギーサー16

## 廃工場を占拠した
## スクウォッターによる文化施設

| | | |
|---|---|---|
| 名　　称 | Gießer 16 | |
| 活　　動 | 政治的な集会や、コンサートの開催、 | |
| | 0円ショップや各種工房の運営 | |
| 立　　地 | 西地域の工業地帯 | |
| 空　　間 | 元塗料工場の敷地と建物（2,800㎡） | |
| 活動開始 | 1995年ごろ | |
| 運 営 者 | 約50人　政治活動家・アーティスト | |
| 利 用 者 | 約50～150人／週 | |
| 運営資金 | 自己資金・寄付金 | |

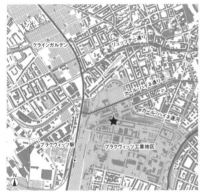

[ギーサー16]の立地 ©Google

## 怪しげな工場跡地に住み着いたスクウォッターたち

　ギーサー（Gießer）とは、「鋳物」のこと。その名の通り、西地域のプラクヴィッツ工業地区にあるギーサー通りは、工業化の時代に鋳鉄をはじめとしたさまざまな工場が立ち並んでいました。現在のギーサー通りを歩くと、廃墟となった工場に混じって、たまにオフィスやギャラリーとしてモダンにリノベーションされた建物もあり、

地区の表情が変わろうとしていることが感じられます。

　そんな一角に、なにやら少し怪しい建物があります。廃墟となった工場のようですが、外には廃材でできたオブジェが並び、窓がすべて閉ざされ、その上には「難民の救助は犯罪ではない！」と、政府の難民政策を批判する垂れ幕がかかっています。看板や案内はなく、パッと見た感じではなんの建物なのかまったくわかりません。しかしここは［ギーサー16］という、西地域を代表する、スクウォッターたちが立ち上げた文化施設なのです。

　［ギーサー16］の運営メンバーは、左派系の活動家やバンドマン（主にパンク）、アーティストなどで、年齢は20代から50代までと幅広く、なかには［ギーサー16］の敷地内に住む人びともいます。主要なメンバーは15人ほどですが、時々参加するメンバーも含めると50人ほどになるといいます。週に一度、外部の人も含め誰でも参加できる話し合いの場が開かれており、そこですべての運営方針が決まります。行政の支援を受けるわけでも、ビジネスをするわけでもなく、すべてを自己資金と寄付金で運営していくことをモットーとし、文化的・社会的空間を自治によって維持しています。空間を改修する優先度や方法も、その都度話し合いで決められています。

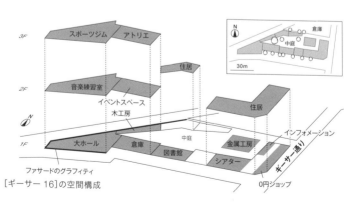

［ギーサー16］の空間構成

[ギーサー16]のエントランス。1階の窓が閉ざされ、なんの建物なのか、どこに入り口があるのか、--見しただけではわからない

## 水も電気も通らない廃墟から知る人ぞ知る文化拠点へ

　ドイツ統一が果たされた直後のギーサー通りは廃工場が立ち並ぶ、文字通りのゴーストタウンでした。その通り沿いに、国鉄の引き込み線跡が残る元塗料工場がありました。1990年代初頭に工場が倒産した後、土地建物は市の所有物となっていました。空き家として放置されていたこの空間に、1990年代なかばごろから人びとが住み着きはじめます。彼らはいわゆるスクウォッター。正式な契約を結ばずに空き家や空き地を勝手に占拠し、住みついたり、アートの制作活動を行ったり、音楽や演劇、そして政治的なイベントを主催する人びとです。塗料工場は2,700㎡と広い敷地の中に9棟の建物が立っています。ここを使うといっても、当然電気も水も来ていません。そこで最初は電気は近隣からケーブルを伸ばして「借り」てきて、水道は雨水を貯めて利用していたといいます。こうして徐々に、コンサートやパフォーマンス、アート展などが開かれるようになります。これが少しずつ知名度を得るようになり、イベントには一度に1,000人もの人が訪れるように。[ギーサー16]は1990年代を通じて、知る人ぞ知る西地域のアンダーグラウンドな文化施設となっていきました。

　300人ほどを収容できるホール、バンドの練習場、ミーティン

グルーム、そして図書館まで、すべて手づくりで、自分たちで、少しずつ整備していくメンバーたち。そもそも使いみちが無い空間であり、特に危険な活動を行っているわけではなく、強制的に追いだす理由も無いと判断した所有者の市は、この活動をしばらく黙認します。1990年代は東西ドイツの統一という大きな政変によって、行政課題が山積していたため、特に問題にならないスクウォットに対処するような余裕がなかった、というのが本当のところのようです。1999年、ようやく市はグループに対して（今さらながら）暫定利用の契約を提案。［ギーサー16］のグループはこれを了承し、正式にNPO法人を立ち上げ、市と10年の暫定利用契約を取り交わすことになりました。活動は、これで一応正式なものとなったのです。

　暫定利用契約結んだ後、2000年に入ると、0円ショップや金属工房、自転車工房が開設され、活動がますます活発化していきます。その一方で、ネオナチによる放火事件や窓ガラスの破壊など過激な破壊行為にさらされます。そのため、1階部分の窓を塞いだり、入り口に柵を設けるなどの対策がとられます。冒頭で紹介したように、現在にいたるまで東面のメインのファサードには看板がなく、入り口がどこにあるかもわからず、初めて来た人にはどういう施設なのか全くわからないようになっているのは、このためです。2000年

敷地内の壁はグラフィティで埋め尽くされている。これより先は撮影禁止だ

じつは緑豊かな中庭

代後半には破壊行為は徐々に収まっていきます。

## 建物を購入したら活動が停滞した

2005年、市はグループに対し土地建物を1ユーロで売却するという、事実上、譲渡を提案する書状を送ります。しかしメンバーは郵便物のチェックもろくにしていなかったため、この手紙はどこかに消えてしまいます。市の申し出を無視したことで、譲渡の話は立ち消えになります。そして2009年、水道の接続を市に申請したところ、暫定利用期間中の利用料が未払いであったことが発覚。数年分の利用料の請求を一気に受けます。また諸々の手続きを怠ったため、すでにNPOの法人格を剥奪されていたことも判明。このときちょうど暫定利用期間が終了するタイミングであったことから、市は土地建物を購入するか、退去するかの選択をグループに迫ります。

グループ内での話し合いの結果、土地建物を市から購入することを決定します。市は近隣の不動産価値が上がりつつあることから、57,000ユーロ（約700万円）で売却することを提案します。なかなかの大金ですが、グループ側はこれをあっさりと了承します。というのも、購入資金はそれまで主催してきたイベントで積み立た寄付金によって、十分支払うことができたのです。必要なものをそろえる以外すべてプールしてあり、人件費にも全く充てていなかったため、じつはそれくらいの貯金があったのだといいます。

さて土地建物は無事取得できたものの、今度は防火や避難経路に関する行政指導が入ります。これに対応するため、2009年から2010年にかけて、活動が一時完全に停止します。法規を無視したDIYの改修を重ねた結果、防火設備の不備により、大ホールでの不特定多数があつまるイベントは禁止。2010年には0円ショップ、図書館など、一部施設は再び使えるようになりましたが、大ホール

を含むいくつかの空間は、現在にいたるまで使用できない状態が続いています。

このように、暫定利用の期間中に多くの活動と空間が生まれ、音楽・文化・政治的なシーンの重要な場所となりましたが、土地建物を購入した後は、オフィシャルな世界に合わせ、合法的に行う必要が出てきたため、ライブやイベントが規制を受けるようになります。建物を購入した結果、活動が停滞してしまった、という皮肉な状況となったのです。

## 0円ショップと難民危機：地域に開かれる転機

2010年以降、［ギーサー16］の雰囲気が少し変わっていきます。きっかけは0円ショップでした。0円ショップは敷地の入り口に近い部屋（約60㎡）で開設されています。中に入ってみると、衣類、食器、家具、雑貨、本、CDやビデオなどがきちんと整理されて並んでいます。仕組みはごくシンプルで、各々が自分のいらないものを寄付し、いるものをもっていくというものです。ただし寄付するものが無い場合は、単に持ち帰るだけでもよく、訪れる人びとの状況に応じた使いかたをすることができます。

それまでは、［ギーサー16］はいわゆる「活動系」の人たちが訪れる、どちらかというと閉鎖的な場所だったのですが、0円ショップには服や家具など「掘りだし物」があるということで、2000年代後半ごろから、いわゆる活動家ではない学生や若者にもその存在が徐々に広まっていきました。

2度めの転機は、2015年の難民危機です。大量の外国人があらたにライプツィヒに流入した際、0円ショップは「新生活に必要なものをタダでそろえられる」お店として、外国人の間で一気に広まり、開店日には長蛇の列ができるようになります。身ひとつでドイ

ツに逃れてきた人たちとしては、0円ショップが貴重なライフラインとなったわけです。このことは地域住民の間でも話題となり、徐々に難民を支援したいと考える人びとも訪れ、服や日用品を寄付するようになっていきました。こうして、0円ショップの存在によって、［ギーサー16］は閉鎖的なアジトから、ライプツィヒ中のさまざまな人びとが訪れ、物を交換したり交流するような開かれた場所になっていきました。

　現在、0円ショップは週に2日開かれており、WEBにも開店時間が記載され、看板も（わかりづらいのですが）一応入り口に立っており、多いときは週に200人以上の人びとが訪れています。0円ショップの立ち上げ当初から関わっているアンドレアス・イェンシュケさんは、「毎回あたらしいものが来るから、常に整理しないといけない。すごい量だよ。ここにくると、『世の中にモノは溢れてるんだから、新品なんか買うべきじゃない』って気づくと思うよ」とのこと。たしかにわたし自身、初めてここを訪れた時、「お金を出して新品を買う」ことになれきっている自分に気づかされました。

0円ショップの内部。寄付された品々が几帳面に陳列されている

近隣住民、移民、学生らが訪れている

## 理念先行型で行き当たりばったりな運営の功罪

　［ギーサー16］という活動の特徴は、なんといってもその「行き当たりばったり」なところです。スクウォットから始まり、暫定利用期間を経て土地建物を所有するに至ったものの、長期的な戦略をもってそうしたわけではなく、選択を迫られたときにその場で決定してきました。その行き当たりばったりという性質を醸成するのは、常に、「理念」を優先するという、ある意味活動家的な考えかたがあるためだと思われます。例えばグループ内に序列をつくるべきではないということから、リーダーが決まっていないこだけでなく役割分担すらありません。全員が出席する会議で、全員一致するまで話し合ってものを決める、という直接民主主義的な意思決定を目指しています。その分、決定に時間がかかり、責任の所在も曖昧になりやすく、市から出された重要な手紙の紛失やNPO格の剥奪などがおこるのです。「すべてを助成金や外部の専門家などに頼らず、自

分たちで行う」という点も、市や財団の意向に左右されることなく自分たちの理想を実現するために重要だと考えられていますが、一方で法規的なことをクリアできずに空間が使えなくなってしまいます。

　もちろん法を軽視することは問題ですが、[ギーサー 16] はスクウォットや暫定利用でやっていたときのほうが、理念を追求しつつ自由にのびのびと活動できていました。[ギーサー 16] をみていると、まちづくりや場所づくりというものは、なんでも計画的に、公式に、きちんとすれば良いというものでもないのではないか、と思えてきます。

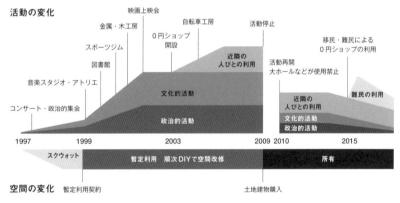

ここがポイント！

[ギーサー 16]の活動と空間の変化*3

●行き当たりばったりの「適当」な運営
●暫定利用期間が最も活動が活発で、土地・建物の購入により活動が制限された
●0円ショップにより近隣住民や難民など多様な人びとが利用する場へと変化した

# クンツシュトッフェと
# ハウスプロジェクトLSW33

## 不動産市場から引っこ抜かれた
## 生活とものづくりのコロニー

| | |
|---|---|
| 名　称 | kunZstoffe ／ LSW33 |
| 活　動 | アップサイクリングの拠点づくりとハウスプロジェクトの運営 |
| 立　地 | 西地域の衰退商店街（ゲオルグシュヴァルツ通り） |
| 空　間 | グリュンダーツァイトの建物5棟と庭（敷地面積計2,000㎡） |
| 活動開始 | 2009年 |
| 運営者 | クンツシュトッフェ約12人　LSW33の管理物件の住人約40人 |
| | 環境活動家・まちづくり活動家・研究者・アーティストなど |
| 利用者 | 約100～300人／週 |
| 運営資金 | 助成金・自己資金・寄付金 |

［クンツシュトッフェ］の立地

©Google

## 捨てずに直そう：
## 地域に根付いたアップサイクリング工房

　西地域の幹線道路であるゲオルグシュヴァルツ通り（Georg-Schwarz-Straße：以降GSwSと略す）は、ここ最近、若者による

あたらしいお店や市民主体の活動が多く生まれている通りです。その入り口に、［クリムックラムツ（krimZkramz）］という看板を掲げたスペースがあります。ショーウィンドウには手芸をはじめとしたたくさんの手づくり品が並び、中に入ると生地、ボタン、糸、ミシンなど、あらゆる手芸用品がそろっています。近所に住むおばあちゃんが、家で眠っていた生地をもってきて居合わせた人に見せながら昔話をしている傍らで、若いアーティストがミシンで奇抜な服を縫って作品をつくっています。ここは普通のお店ではなく、不要になったものを人びとが持ち寄り、必要なものをもらって帰るという、「お金」を介さない物々交換の場所です。そのさらに奥の棟は［カフェ・カプット（Cafe Kaputt）］と名付けられた工房です。半田ごてや電子回路からミシン、大工道具などさまざまな機材がそろい、ここでもやはり近所の人があつまって洋服の手直しや電化製品を修理しています。服や電化製品は、多少調子が悪くなっても、知識と道具さえあれば修理して使えるし、完全に壊れても部品を取って別のものに使える。ここはそのようなコンセプトで運営されている、リサイクルとアップサイクリング（通常は廃棄されるような部品・素材を組み合わせることであらたな製品をつくること）をテーマとした活動拠点なのです。

　運営している登記社団法人［クンツシュトッフェ（kunZstoffe e. V.）］は、2009年に設立された非営利団体。また［クンツシュトッフェ］の入っている建物は、ハウスプロジェクト［LSW33］の所有物件です。［LSW33］は、ゲオルグシュヴァルツ通りと、その裏にあるメルゼブルガー通り沿いに建つ合わせて5棟のグリュンダーツァイト建築<sup>(p.42参照)</sup>を所有し、ハウスプロジェクトを行っています。現在、［クリムックラムツ］が週に3日、［カフェ・カプット］が週に4日近隣に開放されているほか、不定期で音楽、アート、政治社会、環境、

食などに関するイベントが行われており、ゲオルグシュヴァルツ通りのまちづくり・ものづくり拠点となっています。

たくさんの裁縫用具が取りそろえられた［クリムツクラムツ］の内部

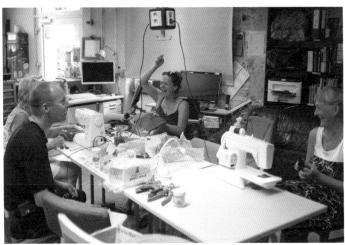

［カフェ・カプット］で談笑しながら裁縫する地元の人びと

## 最も衰退した通りに目を付けたクリエイターたち

　ことの始まりは2008年夏。［クンツシュトッフェ］の初期メンバーたちは当時、活動拠点となる物件を探していました。彼らはアーティストや社会的活動家で、なかにはスクウォットを経験していた人も。一方、とあるスイス人のアーティスト・建築家グループの3人が、長らく空き家になっていたGSwS9棟を購入します。当時のゲオルグシュヴァルツ通りは、市内の西地域のなかでも最後まで衰退が激しく、空き家が目立ち、評判が良いとはとてもいえない通りでしたが、このGSwS9棟のオーナー3人は、文化的・社会的な拠点として物件を再生することを目指していました。例によってリンデナウ地区協会の引き合わせにより、［クンツシュトッフェ］とGSwS9棟のオーナーたちという2つのグループが協働し、GSwS9棟の路面店部分を［クンツシュトッフェ］の活動場所とすることが決まります。家賃の設定は話し合いの末、セントラルヒーティングがなく、改修も行われていなかったため2.5ユーロ／㎡と、地区の平均家賃の半分ほどになりました。

　足がかりを得たメンバーは、2009年3月に［クンツシュトッフェ］をNPO法人として登記し、活動が本格的にスタートします。初期メンバーは11人。アップサイクリングや大量生産・大量消費に関する問題提起を行うイベントを始めます。その後、同年4月に今度はハウスハルテンの仲介により、GSwS9棟の隣に立つライプツィヒ住宅公社が所有しているGSwS7棟の建物、まるまる1棟を［クンツシュトッフェ］が長期賃貸することが決定します。GSwS7棟の改修方針は、店舗部分を展示やイベントができるスペースとして、2階以上をアトリエや住居として使えるようにすること。賃貸料は建物全体で1年に2,160ユーロ（約25万円）と格安。物件

改修前のGSwS7棟（2009年ごろ）地上階
部分は塞がれている
©Integrierte Stadtteilentwicklung im Leipziger Westen

改修後のGSwS7棟ショーウィンドウとファ
サードが改修された［クリムツクラムツ］が地上
階を利用し、2階以上はアトリエと住宅である

を社会的・文化的な活動に使うことを前提した賃料であり、かつ内
部の改修をすべて［クンツシュトッフェ］のメンバーで行ったため
です。地上階の店舗部分は［クンツシュトッフェ］が利用している
ので家賃なし、アトリエは1.8ユーロ／㎡、住戸は2.5ユーロ／㎡
と地区の平均（5.2ユーロ）よりかなり安く抑えられています。同
年夏に［クンツシュトッフェ］のオープニングセレモニーが行われ、
以降GSwS9棟とGSwS7棟の地上階部分でワークショップ、コン
サート、展示などのイベントが不定期で開催されるようになりまし
た。2011年にはGSwS7棟の建物のファサードが、市の助成金を
活用することで改修され、地上階にはこの建物の特徴である大きな
ショーウィンドウが取り付けられました。

### 暫定利用の限界とハウスプロジェクトの開始

　ライプツィヒの人口が増加に転じた2010年代になると、西地
域では次々に再開発事業が始まります。ハウスハルテンの「家守
の家」も徐々に契約が切れ、駆けだしのアーティストたちが物件
から「追いだされて」いきます。空き家の暫定利用が限界に来てい

[クリムツクラムツ] の上階にアトリエを構える陶芸家の女性。家賃は相場の半分以下だ

ることを認識した［クンツシュトッフェ］のメンバーたちは、自分たちを含めたアーティストや社会的な活動家が安定的に生活と活動を続けられる空間の重要さを痛感します。そこで2011年冬、［クンツシュトッフェ］のメンバーが中心となってハウスプロジェクト［LSW33］を立ち上げ、2012年春にGSwS11棟と裏のMSB102,104棟そしてその中庭に建つMSB102HH棟の4つの建物を、オークションで取得します。こうして、［クンツシュトッフェ］はイベントの運営、広報、地域との交流を、［LSW33］は空間づくり、賃貸業務を担当し、2つの組織が協働する運営体制ができました。例えば［クンツシュトッフェ］の利用する物件の改修に［LSW33］のメンバーが協力したり、［LSW33］の空間で［クンツシュトッフェ］が地域に向けたイベントを行ったりという形です。こうして、

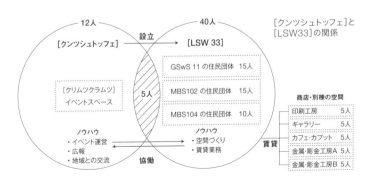

［クンツシュトッフェ］と［LSW33］の関係

ハウスプロジェクトの仕組み、財政計画、空間の改修計画が立てられ、それぞれの棟で本格的な改修作業が始まっていきました。とはいえ、当初物件はどれもゴミが放置され、窓ガラスは割られ、インフラはボロボロ、屋根や外装も修理が必要という、なかなかハードな状態でした。

[LSW33]の所有物件には合計40人の人びとが住んでおり、彼ら全員が有限会社の運営者でもあります。またこのうち5人が［クンツシュトッフェ］にも関わっています。3棟の購入費用である約45万ユーロ（約5,000万円）は、居住者たちが分担して拠出しました。自分たちのポケットマネー、知人や親戚から寄付金をかきあつめ、銀行からの借り入れはしていません。改修費用も自己資金で賄っています。改修後は家賃収入で購入費用と

ハウスプロジェクト[LSW33]が取得した物件MBS102／104棟、現在DIYでリノベーション中

改修費用を賄います。［LSW33］は有限会社として登記されています。その経営権は、それぞれの棟に住む住人たちによる3つの団体が33％ずつ分割してもっています。経営権を3分割することで、取得した物件を処分する際は、ほかの2団体の承認が必要となり、互いに営利目的で物件を不動産市場に流さないようにチェックできるようにしているのです。

こうして、2010年代初頭、ゲオルグシュヴァルツ通りには、不動産市場から引っこ抜かれた、敷地面積約2,000㎡、6棟の建物からなる、アーティストや社会的活動家の活動拠点が生まれたのです。

143

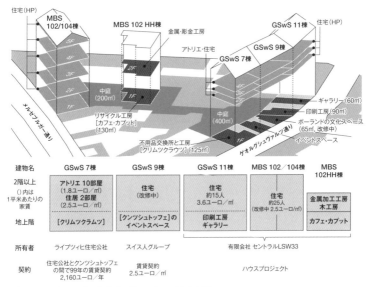

| 建物名 | GSwS 7棟 | GSwS 9棟 | GSwS 11棟 | MBS 102／104棟 | MBS 102HH棟 |
|---|---|---|---|---|---|
| 2階以上<br>（）内は<br>1平米あたりの<br>家賃 | アトリエ 10部屋<br>（1.8ユーロ／㎡）<br>住居 2部屋<br>（2.5ユーロ／㎡） | 住宅<br>（改修中） | 住宅<br>約15人<br>3.6ユーロ／㎡ | 住宅<br>約25人<br>（改修中 2.5ユーロ/㎡） | 金属加工工房<br>木工房 |
| 地上階 | ［クリムツクラムツ］ | ［クンツシュトッフェ］の<br>イベントスペース | 印刷工房<br>ギャラリー | | カフェ・カプット |
| 所有者 | ライブツィヒ住宅公社 | スイス人グループ | 有限会社 セントラルLSW33 | | |
| 契約 | 住宅公社とクンツシュトッフェ<br>の間で99年の賃貸契約<br>2,160ユーロ／年 | 賃貸契約<br>2.5ユーロ／㎡ | ハウスプロジェクト | | |

［クンツシュトッフェ］と［LSW33］のマネージする空間

## ブランチの会とストリートフェスティバル：<br>地域のまちづくり拠点へ

　2010年代、空間が大きくなり、関わる人びとが増えたことで、その後［クンツシュトッフェ］と［LSW33］では多岐にわたる活動が花開いていきます。イベントスペースでは毎週土曜日にブランチの会を行うようになり、地域の人びとが毎週集って一緒にご飯を食べるように。多いときには50人ほどの人びとが集っていました。また、アップサイクリングの拠点である［クリムツクラムツ］は週に3回、定期的にオープンするようになります。また写真や演劇などの芸術イベント、ものづくりワークショップなどの文化的なイベント、そして地区の失業者や低所得者に向けた生活相談の会が定期的に開かれるようになりました。

　2010年春には、ゲオルグシュヴァルツ通りの将来を考えるまちづくりワークショップが開かれます。これを機に行政との協働も本格的にスタートします。市は2011年9月、［クンツシュトッフェ］のメンバーにゲオルグシュヴァルツ通り沿いの地区マネージメント事業を委託しました。また同年、ゲオルグシュヴァルツ通りの再生に挑む一連の活動が評価され、市が住民のまちづくり活動に対して表彰する「ライプツィヒアジェンダ賞」を受賞しました。さらに2013年から毎年5月に［クンツシュトッフェ］が中心となってゲオルグシュヴァルツ通りでのストリートフェスティバルが開催されるようになります。このフェスティバルは数年のうちに数千人があつまる規模に成長しました。この頃になると、［クンツシュトッフェ］には毎週地元の人びとを中心に100人前後があつまり、国内外から視察団が訪れたり、まちづくりに関するワークショップも盛んに行われます。こうして［クンツシュトッフェ］と［LSW33］が手がけたスペースは、ゲオルグシュヴァルツ通り、あるいはライプツィヒを代表する文化拠点となったのです。

## 目的なくフラッと立ち寄れる「適当」さの価値

　2013年秋、MBS102棟の改修が完了します。この時期はすでに不動産市場が急騰していた時期ですが、家賃は2.5ユーロ／㎡と地区平均の1／3ほどに抑えられました。またその中庭に建つMBS102HH棟では［カフェ・カプット］が始動し、週に4日開放され、精力的に活動しだします。さらに2015年夏にGSwS11棟の改修が終了し、2016年、木工房と金属加工工房がMBS102HH棟の2階にオープンしました。不動産市場が高騰するなかで、スクウォットと暫定利用に限界を経験した人びとが結集し、非営利の社会的・文化的活動のための空間を長期的に維持することを目標とし

ストリートフェスティバルの日に［クンツシュ
トッフェ］の中庭で開かれたコンサート（上）

毎年５月に開かれているゲオルグシュヴァル
ツ通りのストリートフェスティバル（右）

て［クンツシュトッフェ］と［LSW33］を立ち上げたことを考える
と、その目標がひとつ達成されたといえます。

　2019年現在、［LSW33］のもつ建物の商店舗部分は5つの団体
に貸しだされています。［LSW33］の約款には公益性のある活動に
空間を貸しだすことが明記されており、いずれも非営利のギャラ
リーや工房です。これらの団体も、寄付金、自己資金、助成金など
で運営されています。［カフェ・カプット］は市の環境局から運営の
ための助成金を得ています。

　2018年には、近隣の小学校と、周辺地域にある10ヶ所のスペー
スでアップサイクリングのワークショップを開き、発足当初から力
を入れていた活動も地域規模で根付くようになります。

しかしその一方、2010年から続けてきた毎週土曜日のブランチの会は、担当する人が確保できなくなったことから2017年春に終了しました。ほかのイベントが、アップサイクリング、環境問題、ものづ

ブランチの会が開かれていたイベントスペース。現在ではあまり使われていない

くりといった、テーマや目的のはっきりした「真面目」なものであるのに比べ、ブランチの会は良い意味で「適当」なあつまりであり、どんな人でも特に目的なくフラッと立ち寄れるものだったため、近隣の人からは惜しまれました。

たしかに、活動が大きくなり、改修されることで利用可能な空間が増え、また家賃収入を得ることで経営的にも安定していきました。運営体制が整ったことも、アップサイクリングや環境問題などをテーマとした活動のクオリティを上げることに貢献しています。しかし一方で、ブランチの会のような、環境問題やリサイクルなどに対する興味をもっていなくても地域の人びとが敷居の高さを感じず集えるような活動は行われなくなります。良い意味で「適当」だったからこそ、地域と多様なつながりかたが広がっていた活動が、「専門的」になることでその幅が狭まったことから、活動が成熟することで得られるものと失われるものがあることがわかります。

## 生活保護を受給してまちづくり活動をする人びと

［クンツシュトッフェ］と［LSW33］が手がけた空間は不動産市場から引っこ抜かれているため、手頃な家賃が維持され、非営利団体、低所得者、駆けだしのアーティストのための空間として今後も維持されていく見込みです。［LSW33］の立ち上げから関わっ

ているローマン・カボレさんは、「空間を利益のために売り買いしたり貸し借りしたりするという、みんなが常識だと思っていた『不動産』という考えかたは、ここに来るとスッと消えてしまいます。まるでライプツィヒの『バミューダトライアングル』。このトライアングルをもっと広げていきたいですね！」と語ります。その言葉通り、ローマンさんらは、2014年に［ハウス＆ワーゲン会議（Haus- und Wagen Rat e. V.）］というNPO法人を設立。［LSW33］の経験をもとに、あらたにハウスプロジェクトを立ち上げたいと考える人びとにさまざまなノウハウを提供する活動を開始しています。

　しかし、このような非営利的な社会的プロジェクトやハウスプロジェクトを運営するためには、大変な手間がかかることはいうまでもありません。ミーティング、DIYによる改修、イベントの企画、広報とコミュニケーション、経理や書類書きなど、やることは盛りだくさん。それでも［クンツシュトッフェ］と［LSW33］の運営上、人件費は1人分しか確保されていません。それ以外の人びとは全くのボランティアでこのプロジェクトに関わっているのです。単純な疑問として、このプロジェクトに関わっているアーティストやまちづくり活動家たちは、どうやって生計を立てているのでしょうか？

　もちろん会社員やフリーランス、アルバイトをしている人もいます。しかしじつは少なくないメンバーが生活保護を受給している、と［クンツシュトッフェ］の代表のダニエラ・ヌースさんは語ります。「わたしたちは、地域の人びとの生活と活動拠点を整備するという、公益性の高いプロジェクトを担っています。メン

［クンツシュトッフェ］と［LSW33］の両方に立ち上げ時から関わる2人、ダニエラさん（左）とローマンさん（右）

バーが生活保護を受給しているのは、ある意味**国から給料をもらっているということ**なのです。」日本ではなかなかそのような考えになりづらいでしょう。しかし行政にはできない細やかな活動、例えば経済的な困難を抱える人の生活と活動の空間を確保するという社会的な意義や、駆けだしのアーティストをサポートするという文化的な意義など、このプロジェクトの地域に対する貢献を考えると、「たしかに、それでいいんだよな」と妙に納得します。

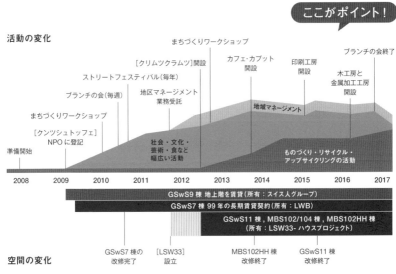

[クンツシュトッフェ]と[LSW33]の活動と空間の変化*3

●非営利団体、低所得者、駆けだしのアーティストのための手頃な空間の創出と維持を行った
●良い意味で「適当」だったからこそ、地域と多様なつながりを広げていたが、「専門的」になることでその幅が狭まった

149

# 〈隙間〉に生まれた「素人」たちの活動

　ここまで見てきた、5つの住民による活動を〈隙間〉と「素人」というキーワードを中心に、読み解いてみたいと思います。

## 大事なのはまず「空間」：
## カネやコネやノウハウはあとからついてくる

　まず着目したいのは、5つの活動はすべて、企業・大学の後ろ盾や資産や土地をもたない、ごく普通の人びとによって開始されたという点です。彼らの多くは建築、都市計画、教育、福祉といった分野の突出した専門知識や経験やコネクションもっていたわけではない、いわば「素人」でした。そんな彼らが拠点をもって自分たちのアイディアを実現していくことができた背景には、都市の〈隙間〉の存在があったのです。［本の子ども］はハウスハルテンの「**家守の家**」、［クンツシュトッフェ］は**活動に理解をもつ所有者**と**ハウスプロジェクト**、［ギーサー 16］は**スクウォット**、［ロースマルクト通りの中庭］と［みんなの庭］は、**空き地の暫定利用**というそれぞれの方法で、不動産価値も歴史的価値も中途半端で都市に放置されていた〈隙間〉を、ほとんどコストをかけず、しかも自由につかえる空間として利用することが可能となりました。

　最初から準備や計画が完璧である必要はありません。カネもコネもノウハウも無い、「素人」の状態であっても、都市の〈隙間〉という、**とりあえず使える空間**があることが重要なのであり、活動のプロセスでカネやコネやノウハウはあとからついてくる。そういうことを5つの事例から読み取ることができます。使える空間を得ることができた「素人」たちは、トライアンドエラーと紆余曲折を繰り返しながら、多くの人びとが関わるライプツィヒ有数の活動に成長

し、地区や都市を変化させたのです。

## 「自分たちのため」が「地域のため」へと変化した： プロセスで生じた公益性

　次に着目するべきは、すべての事例において、活動を始めた主たるモチベーションは「自分たちのため」であったということです。例えば［本の子ども］は自分の子どもとその友だちのためにアパートの一室で始まりました。［ロースマルクト通りの中庭］と［みんなの庭］もまた、子どもたちが安心して遊べるような空間をつくりたいという親たちが始めた場づくりです。［ギーサー16］は政治的な活動家たちが集えるような「アジト」として始まりましたし、［クンッシュトッフェ］と［LSW33］もアーティストや活動家たちが安く生活できる空間を自ら整備するために始まりました。次章で詳しく述べますが、わたしたちの活動［日本の家］も、外国人（日本人）がドイツ社会に居場所をつくりたいという動機から始まりました。つまりすべて、当事者が自らのために始めた活動であり、必ずしも最初から公益性、つまり「地域の不特定多数の人びとのため」に活動する、というモチベーションがあったわけではありません。活動が継続し、多くの人びとが関わるようになっていくなかで、メンバーがより地域コミュニティや社会の問題を意識するようになり、徐々に公益性をもった活動へと変わったのです。

　アメリカの哲学者であるリチャード・ローティは、人びとの間の連帯をつくっていくには、ルールや普遍的価値を広げることよりも、個々人が他者とのつながりや関わり合いを重ねることで、〈われわれ〉と感じられる人びとの範囲を広げ、他者だった〈かれら〉を〈われわれ〉の範囲の中に包含していくことが重要なのだと説きます[*4]。5つの活動はまさに〈われわれ〉から始まり、活動が広がっていく

151

プロセスで多くの〈かれら〉を内包していった結果、地域全体に影響を及ぼすような、公益性のある活動となっていきました。この人びとのつながりと連帯というテーマについては、次章以降、［日本の家］を参照しながらじっくりと考察していくことにします。

## 活動が安定するとダイナミズムは失われる： いいとこ取りはできない

　最後に、この5つの活動がどんなプロセスをたどったのかに着目します。右の図は、各活動の初動期と現在の活動の特徴を相対的に示すと共に、空間の契約状態を示しています。これを見ると、すべての活動において、初動期は空間契約状態が不安定である一方、積極的にあたらしいアクティビティを試し、かつあらたな人びとが活動に参加する傾向があることがわかります。そこから時間が経過し、空間の契約形態が暫定利用から賃貸、あるいは自己所有と安定するにつれ、運営者も固定化します。

　都市の〈隙間〉では、そこをとりあえず利用することで、「素人」が自分たちのための活動を始めることができます。そのとりあえずの状態、初動期は、空間も活動も安定しないものの、あらたな人びとが参加したあらたなアクティビティが生まれる「ダイナミックさ」をもっていたのに対し、活動が長期的に継続するようになるにつれ、一定のアクティビティを一定の人びとが行うような「静的」なものとなり、活動の多様さやダイナミズムが失われていく傾向がありました。特に［本の子ども］は本づくりと幼児教育、［クンツシュトッフェ］はアップサイクリングといったように、活動のテーマが絞り込まれ、専門的になり、もはや「素人」の活動ではなくなっていきます。

　つまりこの図は、活動が安定し、継続し、専門的になる状態と、トライアンドエラーが繰り返され、あらたな人びとが活動に参加し、

あらたなアクティビティが生まれるという多様でダイナミックな状態は両立しないことを示します。一般的には、まちづくりの活動が安定し、継続することは良いことだと考えられますが、安定することあるいは専門的になることで失われるものについてはあまり語られません。この「いいとこ取りはできない」という点について追求することが、まちづくりや都市の〈隙間〉という空間について重要な知見をもたらしてくれると考え、次章以降［日本の家］を参照しつつ詳しく考察していきます。

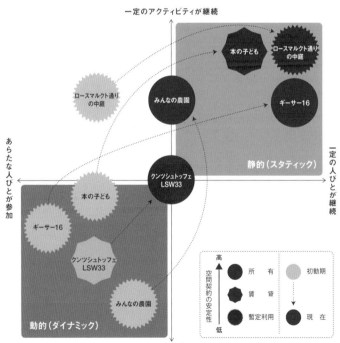

空間の契約形態と活動の変化

*1 各団体へのヒアリングのほか、市に登記されたNPOリスト、市の発行しているパンフレットに載っていた住民団体の情報、地域のフェスティバルや芸術祭などに出席・出品・出店した団体、FacebookやWEBサイトから情報を得た。詳しくは大谷悠「都市の〈間〉論 — 1990年以降のライプツィヒ東西インナーシティを事例に」博士論文, 東京大学, 2019のp.308を参照

*2 各活動について現地調査、運営者へのインタビュー、文献資料（WEBサイトや著作物）を参考にしてこの章を執筆した

*3 これらの図は、上が活動の変化（盛衰）、下が空間の変化を表している。各プロジェクトの複数の運営者にヒアリングしながら一緒に作成した主観的な図である

*4 リチャード・ローティ（齋藤純一・大川正彦・山岡竜一 訳）『偶然性・アイロニー・連帯 — リベラルユートピアの可能性』岩波書店, 2000, p.5（原著：Richard Rorty, *Contingency, Irony, and Solidarity*, Cambridge University Press, 1989）

# 3章

## 日本の家：
## まちを「つくりつづける」
## 素人の暇人たち

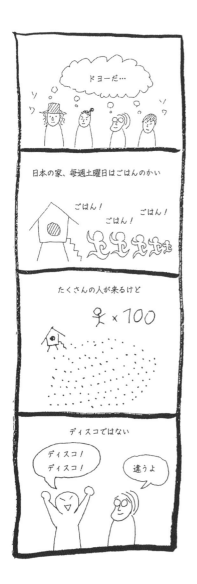

漫画 "Das Japanische Haus ／日本の家" より [1]

# 言葉や文化の壁をこえて人びとが集う まちのリビング

## 多様な人が暮らすアイゼンバーン通りの一角で

東地域の中心部にあるアイゼンバーン通りは、1900年ごろ、当時増えつづけていた労働者のための居住地区として一気に開発された、いわば1世紀前の新興住宅街です。アイゼンバーンは「鉄道」の意味。その名の通りもともとは線路が敷かれ、ドレスデン行きの汽車が通っていました。1879年に線路が北側に移設され、その跡地が開発されます。その結果、全長約2kmに渡ってグリュンダーツァイト建築が、一直線にズラッと並んでいる景観が生まれました。その多くは、地上階部分は店舗、2階以上が住宅です。

アイゼンバーン通りも1990年代から2000年代にかけて大変な衰退を経験しますが、2010年代に入ると若者と外国人が押し寄せ、人口が急増しました(p.66参照)。今では通りを歩くとレストラン、カ

一直線に建物が並ぶアイゼンバーン通りと赤い丸が目印の[日本の家]（右端）

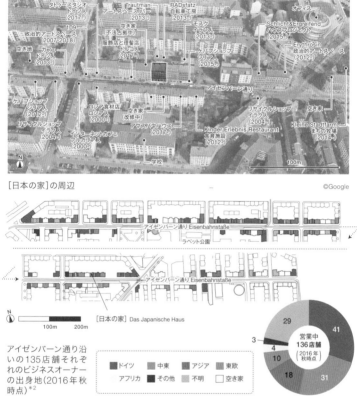

[日本の家]の周辺

©Google

アイゼンバーン通り Eisenbahnstaße

ラベット公園

アイゼンバーン通り Eisenbahnstaße

N

100m　　200m

[日本の家] Das Japanische Haus

アイゼンバーン通り沿いの135店舗それぞれのビジネスオーナーの出身地（2016年秋時点）[2]

■ ドイツ　■ 中東　■ アジア　■ 東欧
■ アフリカ　■ その他　■ 不明　□ 空き家

営業中
136店舗
（2016年
秋時点）

41
31
18
10
4
3
29

アイゼンバーン通りの国際色豊かなお店たち

フェ、パン屋、八百屋、喫茶店、洋品店などが並び、若者、外国人、子ども連れ、高齢者などさまざまな人びとが行き交っています。通りのお店の半数以上は外国人が経営しており、特に多いのが中東、アジア、アフリカ、東欧の人びと。歩いていても、アラビア語、ペルシャ語、ロシア語、ベトナム語などさまざまな言葉が飛び交い、ドイツ語があまり聞こえてこないくらい国際色豊かです。

そんな通りの真ん中あたりに、ひときわ、人だかりができている場所があります。大きなショーウィンドウをもつファサードには赤い丸の印。今日はちょうど「ごはんの会」の日で、みんなのんびりと談笑しながら夕飯ができるのを待っています。ここが［日本の家（Das Japanische Haus）］。わたしたちが2011年に立ち上げたコミュニティスペースです。

夏の［日本の家］の風景

159

## 世界中から集う人びと

　［日本の家］では、2016年以降、週に2回から3回、1年間に120〜160回のイベントが開かれており、年間のべ約7,000人ほどの人びとが訪れています。2016年の7月から12月にかけて行った調査[*3]によると、この半年間だけで少なくとも95の異なる国・地域の出身者が参加しており、［日本の家］という名前とは裏腹に、世界中の人びとがあつまる拠点となっています。割合順で見ると、ドイツ（44%）、日本（8%）、フランス（5%）、スペイン（3%）、アメリカ（3%）、シリア（3%）と続きます。地域で分けると、ヨーロッパ諸国が最も多く、アジア、中東、アフリカと続きます。これらの人びとの年齢層は、男女共に18歳から34歳が多く、全体の6割強に及びます。若者と外国人が多いのは、この地区の特徴でもあります[(p.72参照)]。また一回のイベントに参加する人のうち約1／2が「常連客」である一方、約1／3が「一見さん」で、常にあらたな人びとが［日本の家］を訪れています。

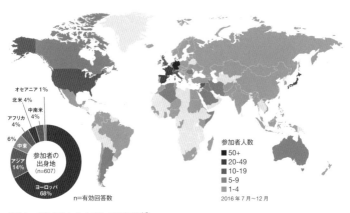

［日本の家］を訪れた人びとの出身地[*3]

## 場をつくるのは自由な時間をもつ暇人たち

　［日本の家］を運営するチームもインターナショナルです。2011年から2018年までに［日本の家］の運営に参加してきた56人[*4]は概ね10代後半から30代前半の若者が多く、出身地は日本が25人、ドイツが13人、ほかのヨーロッパが11人、中東地域が6人、南米が1人でした。

　また、彼らの職業・ステータスに着目してみると面白いことがわかります。学生（職業訓練生を含む）が45％と最も多いのですが、それに続いて、フリーター、失業中、語学研修中、ワーキングホリデー中、という定職に就いておらず学業も無い人びとが32％を占めていました。以降これらの人びとのことを「自由人」と呼ぶことにします。また難民申請中の人びとが11％となっています。出身地と合わせて見てみると、日本と欧州の学生、ドイツと欧州の失業者とフリーター、日本出身の語学研修中・ワーキングホリデー中の人、中東出身の難民申請中の人びとという、定職につかず、生活費をアルバイト、貯金、ドイツ政府からの社会保障で賄っている人びとが88％にものぼります。

　例えば日本出身者の場合、ライプツィヒは日本の大都市圏と比べれば、生活費、特に家賃と食材費が格段に安いため、ある程度日本円で貯金があれば生活に困ることはありません。あるいは貯金が無くても、アルバイトが見つかればそれなりに不自由なく暮らしていくことができるまちだといえます[*5]。またドイツは、失業者、低所得者、難民への公的なサポートが充実しているので、それらの社会保障を受けられるドイツ人や難民申請中の人びとも、基本的には生活に困ることはありません。ライプツィヒ大学をはじめ多くの教育機関は学費が無料で、国の奨学金も充実しています。生計を立てる

ための仕事やアルバイトに割く時間が少なくて済むことから、自由な時間を豊富にもつ人びと、いわば（まったく悪い意味ではなく）「暇人」が、［日本の家］の運営を支えているのです。

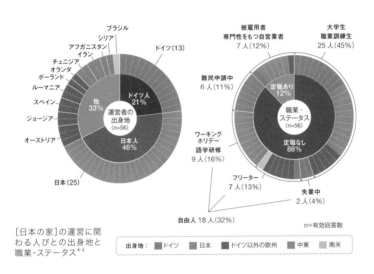

［日本の家］の運営に関わる人びとの出身地と職業・ステータス[*4]

［日本の家］の運営メンバー（2018年ごろ）

　本書では以降、［日本の家］に関わる人びとを、参加者、運営者、支援者と3つに分けて記述していきます。参加者は［日本の家］のイベントに参加する、いわゆる「お客さん」。運営者は運営に関わる人びと。支援者は、［日本の家］に対して経済的な支援を行っている人びとです。ただこの三者は、はっきりと区別できるわけではなく、常に変動しています。初めは参加者だった人が、徐々に運営に関わるようになったり、逆にそれまで運営者だった人が徐々に抜けて、参加者になったりすることがよくおこります。また支援者もイベントによっては参加者や運営者となることもあります。ですからこの区別はあくまで便宜的で流動的なものです。

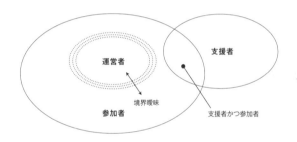

参加者、運営者、支援者の関係

## 経営的に成り立っているのか？

　［日本の家］は登記された非営利の社団法人で、日本でいうNPO法人に相当する法人格をもっています。その収入のうち、半分近くが個人からの寄付金です。投げ銭で開催されるイベントで得られる寄付金に加え、年によってはオンラインでも活動資金をあつめています。またライプツィヒに視察に訪れる日本の大学、行政、企業か

らも視察料金として寄付金を得ています。さらに後述するように、空間の一部をキオスクとして登録しており、そこで飲み物を売った売上が収入の3割を占めています。その他の収入として助成金や賞金があり、特に後述するまちづくりワークショップなどにかかる費用は、州政府、日独の財団などの助成金を活用しています。

　一方支出ですが、家賃や光熱費が6割以上を占めています。次に空間の整備にかかる材料・工具・備品などの設備投資。あとは消耗品、保険代、税理士代などです。雇用されている人はおらず、基本的に全員ボランティアで活動しているため人件費はありません。

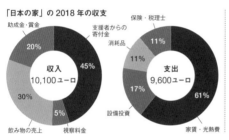

[日本の家]の経営状態（概算）

## 4期に分けて紐解く「アリの巣」の実態

　以降、2011年から2019年までの［日本の家］の活動を、I. 黎明期、II. 転換期、III. 発展期、IV. 再転換期の4期に分けて見ていきます。黎明期は立ち上げの時代、転換期は「ごはんの会」が始まった時代、発展期は活動が大きく広がった時代、再転換期はメインで運営を担っていた日本人が抜け新体制になった時代です。それぞれの時代に場づくりの現場でなにがおこったのかを、わたしというアリの視点で詳しく追っていきたいと思います。では、［日本の家］というアリの巣にダイブしてみましょう！

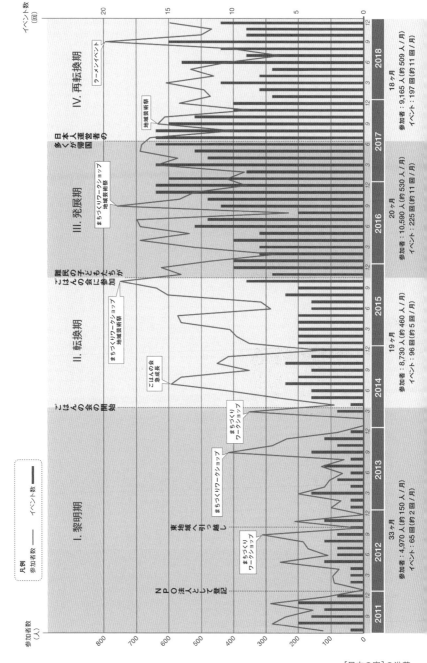

［日本の家］の沿革

[日本の家]の沿革

**時期区分（下段）**

I. 黎明期　II. 転換期　III. 発展期　IV. 再転換期

**年（横軸）**

2011　2012　2013　2014　2015　2016　2017　2018

**都市・東地域**

- 震災・原発関連のイベント
- 人口増加始まる
- 外国人の流入開始
- 東地域外国人率 20%
- 若者の流入開始
- 難民の流入開始
- 東地域人口（人）
- 都市・東地域

数値：16,000　20,000　25%　20%　29%　6,000　6,800　25,000　6,100　6,000

**[日本の家]の活動**

- NPO法人として登記
- 第1回まちづくりワークショップ
- 東地域引っ越し
- 第2回まちづくりワークショップ
- 第3回まちづくりワークショップ
- こはるの会の開始
- 年間参加者数（人）
- 家賃の値上がり
- 第4回まちづくりワークショップ・地域芸術祭
- 難民の子どもたちがこはるの会に参加
- 移民・難民の社会的統合をテーマとしたイベント
- キッチンの改装
- こはるの会が週2回に
- 第5回まちづくりワークショップ・地域芸術祭
- 日本の地方都市との交流
- 日本人運営者の多くが帰国
- 地域芸術祭
- クラウドファンディングが運営の中心に
- 移民・難民が運営の中心に
- キッチンの改装
- こはるの会がアエラ21賞にノミネート

数値：1,200　1,500　1,800　3,600　6,000

**黎明期のテーマ（ラベル）**

- 多様な種のイベントの試行
　日本ノート/伝統文化が主なテーマ
- 交流会の比率が増
　食と音楽をテーマとしたイベント増
- 交流会の比率がさらに増
　多文化をテーマにしたイベント増
- 日本からの訪問者増加
　日本をテーマにしたイベント増

**運営者の属性**

- 在ライプツィヒ日本人
- ライプツィヒ大学日本学
- 都市・まちづくりの専門家
- 地元住民
- 行政・他の住民団体
- 地元の移民・難民

# I. 黎明期：暇だから始めた「家」づくり

## ドイツでニートだった日本人の思い付き

「そもそも、なぜ［日本の家］を始めたんですか？」としばしば質問されます。わたしの答えは明快でして、「暇だったから」です。「ドイツの伝統建築をリノベーションしたかった」とか「国際交流とまちづくりの拠点をつくりたかった」といった答えを期待されている方は拍子抜けしますが、本当なのだから仕方がありません。ドイツに来て1年経った2011年ごろのわたしは、仕事もなく、学校もなく、ドイツ語ができないので友だちもあまりいない。とにかく暇でした。いわば海外でニートをしていたのです。その前年に関わっていた地域再生の仕事を通じて、東ドイツ地域に空き家が多いことを実感していたわたしは、「これだけ空間が余ってるんだから、ひとつくらい簡単に借りられるんじゃないか？」と思い立ちます。「暇だし、まだビザと貯金も残っているし、空き家で遊んでみようかな。いろんな人が気軽に遊びにこられる場所ができれば、きっと友だちもできるし、ニートで孤独だったドイツ生活が楽しくなるんじゃないか」という、軽い気持ちでした。

[日本の家]のロゴ

当時ドレスデン（ライプツィヒの隣の都市）に住んでいたわたし
は、2人の日本出身の友人と共に、早速具体的なプランを練ること
にしました。コンセプトは「『日本』をキーワードに、空き家を人び
とが気軽に集える『家』に再生する」ということにして、［日本の家］
というプロジェクト名にしました。発起人の1人で画家である勝又
友子さんが描いてくれた［日本の家］のロゴは、2人の人が寝そべ
りながら本を読んだりせんべいを食べています。こんな感じで、訪
れる人たちが自分の「家」のようにリラックスできる場所をつくり
たいと考えていました。

## ハウスハルテンとの出会いでライプツィヒへ

　ライプツィヒを選んだ理由は、ほかでもなくハウスハルテンの存
在です。2011年末から立ち上げのための助成金探しと物件探しが
始まったのですが、当時住んでいたドレスデンには良い物件が見つ
かりませんでした。そこで友人に紹介してもらったライプツィヒの
ハウスハルテン<sup>(コラム3・p.88参照)</sup>に企画書を送ったところ、翌日に「ぜ
ひやってよ！空き家も紹介するし！」とすぐに電話がありました。

　2011年の年明け早々、ハウスハルテンの本部を訪れるために、
人生で初めてライプツィヒに降り立ちました。1915年に建設され
た荘厳な中央駅から少し歩くと、通りの建物は窓ガラスが割れ、屋
根には雑草が生い茂っています。今にも崩れそうな廃工場や集合
住宅が立ち並んでいて、これには正直びっくりしました。しかし同
時に、「思いきり遊べそうなまちだ!!」とワクワクしました。これ
だけ空間が余っていれば、カネもコネもノウハウも無いわたしたち
だってなにかできると直感したのです。

　ハウスハルテンの方々は、当時ドイツ語もままならないわたし
の話を親身になって聞いてくれ、質問にも一つひとつ丁寧に答え

てくれました。「こんな良い人たちがいるまちなら、なんとかなる」と、とても安心したのを覚えています。紹介してもらった「家守の家」の物件<sup>(コラム3・p.88参照)</sup>は、中央駅から徒歩10分ほどのところに立地していました。家賃無しで使え、かつ現状復帰もいらないとくれば、わたしたちの活動にうってつけ。約200㎡の大きな空間を、光熱費や共益費などを含めても3万円ほどで使うことができたのです。ハウスハルテンのスタッフたちも、この日本人グループなら、なにやら面白そうなことをしてくれそうだと感じてくれたようでした。ほぼ同時期に、日独の交流支援を行うJaDe財団の助成金も決定し、善は急げということで、すぐに契約を交わすことにしました。

　順調に物件と助成金が決まり、さぁ本格的に始動しようというときに、日本で東日本大震災と原発事故がおこります。3月中はニュースを見ながらずっと頭が真っ白な状態で、「ドイツまで来て自分はなんてお気楽なことをしているんだろう……」となんとも煮え切らない気分で過ごしていました。4月に入り、あるチャリティイベントに参加したことをきっかけに、ライプツィヒ在住の建築家であるミンクス典子さんから「震災で大変な被害を受けている地域のためになにか一緒にやりたい」と連絡がありました。それをきっかけに、

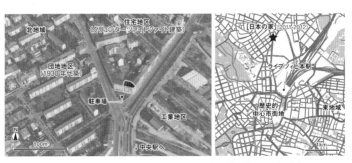

［日本の家］の最初の拠点は北地域にあり、団地、住宅、工業地帯に挟まれた場所だった

「そうか、ドイツにいてもできることはある。むしろ今だからこそ、日本のためにドイツですべきことを探そう」と考え直します。ミンクスさんはその後［日本の家］の運営担う中心メンバーとなります。

## 「家」づくりの過程で人とつながる

2011年5月から作業が始まり、廃墟のような空き家に、わたしを含めメンバーが数人泊まりこんで空間をつくっていきました。壁を塗り直し、ショーウィンドウに縁台を据え付け、キッチンやトイレをつくり、照明を取り付け、施工はすべて自分たちで行いました。ちなみにわたし、当時大工仕事は完全に素人で、電動ドリルすら握ったことが無いほどでした。ハウスハルテンのサポートは、わたしのような素人には特に頼もしく、丸ノコ、インパクト、水準器などを貸しだしてくれたり、工具の使いかたや工事の仕方まで、さまざまなアドバイスをもらったりと、やりながら学ぶ（= Learning By Doing）ことができました。ちなみに2011年末からはキッチンを改装して自分の住処としたのですが、その過程で木工、配管工事、電気工事など、いろいろなことを覚えました。人間、自分の生活がかかると本気で学ぶものです。

［日本の家］の最初の拠点となった「家守の家」の最初の状態

DIYでリノベーション中の［日本の家］

「家守の家」を利用していた時代の［日本の家］の平面図

　異国の若者が改修している工事現場の噂は徐々にまちに広がり、ライプツィヒ大学の学生さんたちが手伝いに来てくれたり、近所の人も通りがかりにのぞきに来たり、かと思うと「そんなんじゃダメダメ！こうするんだよ！」と、大工のおじさんが突然乱入してきたりと、現場はだんだん賑やかになっていきました。「チェブラーシカ」というロシアのかわいいアニメに「ともだちのいえ」をつくるというお話があります[*6]。チェブラーシカとワニのゲーナはまちでひとりぼっち。そこでひとりぼっちの人たちのために家をつくることを

思い立ちます。材料や道具をあつめて、慣れない手付きでたどたどしく工事が始まると、1人、また1人とあつまってきて、いつのまにか大所帯に。その過程で互いに仲良くなり、家が完成した頃には友だちがいない人がいなくなった、という話です。まさにこのお話のとおり、友だちが1人もいないまちに引っ越してきたわたしにも、［日本の家］が完成した頃にはたくさんの友だちができていました。

　約3ヶ月のセルフリノベーション期間を経て、2011年7月27日、［日本の家］は晴れてオープンの日を迎え、パーティには100人弱の人びとがあつまりました。その後、展覧会、子どもワークショップ、映画上映会などさまざまなイベントを開催しました。本来は2011年の夏の3ヶ月限定のプロジェクトの予定だった［日本の家］ですが、活動に賛同してくれた多くの方の支援と声援を受け、延長に延長を重ねていくことに。試行錯誤しつつも空間の改装やイベントの運営について多くのことを学び、その後の活動基盤となるスキルはほぼこの時期に培われました。

［日本の家］のオープニングパーティ（2011年7月）の様子。壇上でスピーチしているのは、立ち上げから親身になってサポートしてくださったハウスハルテンのシュテファン・トーマスさん

## まちづくりワークショップで地域に根付く

　オープン以降、震災関連のイベントのほかに、囲碁の会や盆栽ワークショップ、オタク文化を楽しむ会など、日本をテーマにいろいろなイベントを開催しました。とはいえ1年くらい続けると、わたしたち運営者は日本文化にとくべつ精通しているわけではないし、「日本文化を伝えたい！」という情熱もそこまでなかったことに気づきます。メンバーで話し合った結果、わたしとミンクスさんを含めた数人の運営者は、建築・都市計画・まちづくりといった分野をバックグラウンドとしていたこともあり、「空き家・空き地を活用したまちづくり」をテーマに国際ワークショップを開催することを思いつきます。早速2012年初めに、ザクセン州文化芸術局の助成金を申請するため［日本の家］を正式にNPO法人*7として登記。無事助成金を得られたことで、2012年9月にライプツィヒで国際ワークショップ「都市の〈間〉」を開催しました。「空き家・空き地の暫定利用」をテーマに、日本とドイツから、学生、建築家、アーティスト、デザイナーなど20人ほどがあつまり、1週間という期間でライプツィヒの住民によるまちづくりの現場の視察やディスカッションを重ね、最終日には都市空間を使ったインスタレーションとして、近所の駐車場を日本の縁日のように設えたり、空き家の壁を使ったプロジェクションを行いました。

　オープンして間もない［日本の家］は、このワークショップを通じて多くの近隣住民や行政、ほかのまちづくり団体、日本の建築・都市・まちづくりの学術や現場の人びととつながっていくことができました。2012年を第1回として、都市の〈間〉ワークショップは2016年まで毎年実施しました。参加者だけでなく、運営者であるわたしたち自身も、ライプツィヒの都市史や住民運動を改めて知

2012年の都市の〈間〉ワークショップの様子。まちづくりの現場を回るツアー、日本とドイツのまちづくりに関するプレゼンテーションとディスカッション、そして実際の空き家や空き地をつかった空間的な実践（日本の縁日の再現）を行った

る機会となり、都市のなかで空き家・空き地がもつ意味や［日本の家］の役割について、考えをアップデートするきっかけになりました[*8]。

## パトロンの出現とあらたな拠点への引っ越し

　さて、ハウスハルテンから借りた最初の物件ですが、じつは1年ほどで引っ越しを余儀なくされることに。理由は「広すぎること」でした。快適な夏を過ぎ、一冬越してみたら暖房代がとんでもない額になっていたのです。なにせ200㎡、通りに面してガラス張りのファサードをもつうえにきちんと改修されていない大空間ですから、冬は暖房が効きづらく隙間風も入ってくるという有様。ライプツィヒの真冬はマイナス10度以下まで気温が下がる日もあり、朝起きるとシンクに氷が張っていたこともありました。これではとて

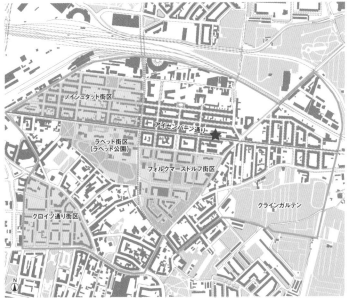

2012年当時の[日本の家]の周辺

床面積 約66㎡

6.6m

N

隣地建物

倉庫

トイレ

キッチン

10.0m

大部屋
(約38㎡)

暖炉

隣地建物

歩道

駐車スペース

車道

東地域・アイゼンバーン通り沿いに引っ越し
てきた[日本の家]。当時はまだ周辺が空き
家だらけだった。再びDIYで改修した

175

も続けられません。先述のとおり活動開始時はそもそも3ヶ月限定のプロジェクトを想定していたため、このタイミングで［日本の家］としての活動を終了することも検討しました。しかしそのとき、強力な支援者が現れます。それがライプツィヒ大学日本学科の教授シュテフィ・リヒターさんでした。リヒターさんは2012年のワークショップに参加したことをきっかけに、［日本の家］の活動に理解と関心を寄せ、今後もぜひ続けてほしいと、月々の家賃の一部を援助するという申し出をします。これによって、［日本の家］は続行されることが決まります。

　活動の継続が決まり、移転先として見つけたのが、東地域のアイゼンバーン通りの空き店舗、現在の［日本の家］の物件でした。築100年ほどの建物で、商店舗としてつくられた1階部分は全体で約80㎡と以前の半分以下の広さ。またバックヤードを除いたイベントスペースだけだと約40㎡と、かなりこぢんまりしています。今度は「家守の家」ではなく、家賃が発生する通常の賃貸契約だったのですが、改修はすべて自己資金でやることを条件に月の家賃も33ユーロ（4,000円くらい）、光熱費などを合わせても3万円弱に抑えることができました。2012年11月、この物件に引っ越します。「家守の家」でDIYのスキルもある程度高まっていたため、2度目の改修はスムーズに進みました。日本人コアメンバーと助っ人のライプツィヒ大学日本学科の学生たちで改修作業を行い、イベントスペース、キッチン、トイレ、倉庫を改修しました。こうしてあらたな拠点探しと運営資金工面という2つの課題を乗り越え、［日本の家］は次のフェーズに入っていきます。

## 黎明期の活動とネットワーク
### （2011年7月〜2014年3月）

### 【活動と参加者】

　［日本の家］立ち上げ後、日本をメインテーマとしてさまざまなイベントを試行していました。特にアートと伝統文化に関する活動を不定期で開催していたため、参加者数とイベント数は乱高下していました。都市の〈間〉ワークショップには、国内外から参加者があつまり、400人ほどが参加者として訪れた一方、冬季にはイベントが全く行われず（p.165,166［日本の家］の沿革を参照）、参加者が0の月もありました。

### 【運営者のつながり】

　つながりの中心にいるのは筆者（YO）とミンクスさん（MN）の2人の日本出身者で（**1**）、その周辺にアーティスト、学生、主婦な

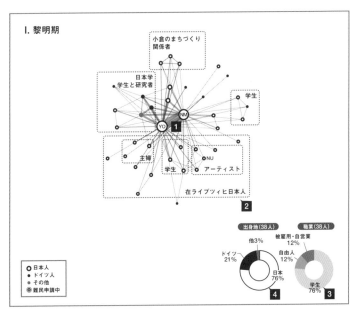

黎明期の運営者のつながり*9

どの在ライプツィヒ日本人と、日本学の関係者・学生がいます（**2**）。学生が主要な運営者で、日本人でない学生のすべてが日本学を専攻していました（**3**）。日本出身者が76％で大多数を占め、あとはほとんどがドイツ出身者です（**4**）。このように黎明期は、主に日本人の学生と日本に関係するドイツ人がネットワークを形成していました。

# II. 転換期：ごはんの会の始まり

## ネタ切れ状態に陥った

　引っ越しやパトロンの登場を経て、空間と資金という活動にとって重要なものがそろうわけですが、じつは2013年後半、第2回のまちづくりワークショップが終わったあたりから、活動が衰退します。学生メンバーは卒業したり論文を書くのに忙しくなり、活動から離れていきました。残ったメンバーも、2年もやっているとイベントの「ネタ」が無くなってくるわけで、どうしても「飽き」がきます。

あらたな活動場所を得たはいいけれど、年に一度のまちづくりワークショップ以外は空間があまり活発に使われない状態が続き、特に2013年冬から2014年春にかけて、イベントの無い月が多くなりました（p.165,166［日本の家］の沿革を参照）。

イベントがほとんど行われていなかった時代の［日本の家］（2014年冬）

## 「ごはんの会」を始めた3人の暇人

　この、ある意味穴の空いた状態だった［日本の家］に大きな変化が訪れます。きっかけは、ライプツィヒで暇を持て余していた2人の日本人の存在でした。1人は蔭西健史さん。日本で飲食業をはじめ数々のビジネスのマネージングに関わった経験をもつ人で、海外展開に興味をもったとき人伝てに［日本の家］の存在を聞きつけ、2014年初頭からライプツィヒに「フラっと」遊びに来ていました。しかし当時ほとんど閉まっていた［日本の家］の状況を見て蔭西さんは「なんてもったいない！」と感じ、メンバーに「とりあえず定期的になにかやろう。そうだ、日本食をつくろう！」と提案します。ちょうどそのときに、アーティストでミュージシャンの薄井統裕さんがライプツィヒに住みはじめ、［日本の家］に関わるようになっていました。これにわたしを加えた3人で、海外でフラフラしている日本人によるチームができます。

　その少し前の2013年末、［日本の家］ではドイツ人の若い活動家グループと、一緒に「フォルクス・クーヒェ（Volxküche 直訳すると"人民食堂"）」という、ごはんの会の前身のようなイベントを数回開催していました。訪れる人にご飯を出すのですが、レストランやカフェとは違い、決まったお代を取らない寄付制です。もっている人は多く、もっていない人は少なく、食べに来る人の懐具合によって、支払う金額を自分で決めてもらう方式です。誰がどれだけ出したかチェックしないので、経済的に困窮している人は出さなくても構いません。さまざまな経済状況の人がいる東地域にはとても合うやりかただと感じていたわたしは、日本食をつくる会もぜひこの方式でやりたいと提案しました。会の名前は「Küche für alle（直訳：みんなのキッチン）」、日本語名で「ごはんの会」と名付けまし

た。こうして現在にいたるまで脈々と続いている「ごはんの会」が、2014年4月から始まります。

　しかし開始当初は問題が山積み。そもそもこの3人、料理の経験がろくになかったのです。調理器具は家庭用のものしかなく、多数の人にごはんを振る舞うための食器も家具も、なにもかも不足していました。しかし備品を買いそろえるような予算は全くありません。とりあえず自分の家にあるものを持ってきて急場をしのぐことに。記念すべき第1回の「ごはんの会」はお好み焼き。日本食を食べられると聞きつけた友人らがあつまり、ざっと30人前をつくることになります。家庭用の電気コンロに家庭用フライパンで調理しますが、火力が足りないので生焼けだし、電気を使いすぎてブレーカーが何度も落ちてしまいました。お皿も10枚くらいしか無いために常に洗わなくてはならず、メンバー3人が頼りなく右往左往するという、惨憺たる状況。それでも（味はともかくとして）来てくれた人がゆったりと楽しんでいる光景が見

始めて間もない頃の「ごはんの会」の様子

180

られたり、明らかにパニックに陥っているわたしたちを心配して積極的に手伝ってくれる人がいたり。終わってみると不思議と、これまで味わったことの無い充実感があったのです。きちんと計画・準備して参加者にコンテンツを提供するようなまちづくりワークショップなどとは異なり、「ごはんの会」は常にアドリブ。そこにいる人たち次第で場がどんどん変わっていく感覚が、わたしにはとても新鮮でした。これをきっかけに、ごはんの会を毎週開くことになりました。［日本の家］が「ネタ切れ」になっていた時期で、空間的にも人員的にも「空き」があったからこそ、このような定期的に開催するイベントをあらたに行うことが可能だったのです。

## 地区に若者が流入することで活動が盛り上がる

　定期的なイベントの開始は、2014年から2015年にかけて東地域の人口が急増したことも追い風になりました。家賃が安く交通の便も良いため、外国人と若者が流入し、彼らがアートギャラリー、イベントスペース、バーやカフェなどを立ち上げ、それまで「ドイツ最悪の通り」というあだ名が付くほど衰退していたアイゼンバーン通りのイメージが徐々に変化していました。

　その流れを受けて、［日本の家］のごはんの会も人があつまるようになります。2014年の夏から秋にかけて急速に参加者が増え、毎週50〜100人くらいが訪れるようになりました。投げ銭から材料代と光熱費を抜いて残る、数十ユーロという微々たる資金を設備投資にまわし、ライプツィヒ内で中古品をやり取りするWEBサイトを通じてコンロ、水まわり品、調理器具、照明、イベント用の音響機材やプロジェクターなどをコツコツとそろえていきました。また、友人や近所の人が「ごはんの会」の噂を聞きつけて、食器や調理器

具を持ってきてくれるようにもなります。バーカウンターは裏庭に放置されていた古い扉を再利用してつくり、椅子、テーブル、ソファはもらったり道に放置されているのを拾ったりすることでそろえていきました。とにかく予算が無いので、新品はほとんど買えません。しかしだからこそ、ジャンク機材や不用品を組み合わせたり、自分たちでつくったりというクリエイティビティが発揮されました。

　試行錯誤を繰り返しながら、ごはんの会の形も少しずつ定まっていきます。料理の前にお金を入れるカゴを置いておき、一応これくらいは入れてくださいという目安（だいたい3ユーロ、350円くらい）という貼り紙をします。また、なるべく参加者にも運営を手伝ってもらうという趣旨で、洗い場コーナーをつくり、食べ終わった食器は食べた人が自分で洗ってもらうようにしました。

　また、WEBやFacebookなどのSNSでも積極的に告知するようになりました。慣れてくると「ごはんの会」と同時に、展覧会やコ

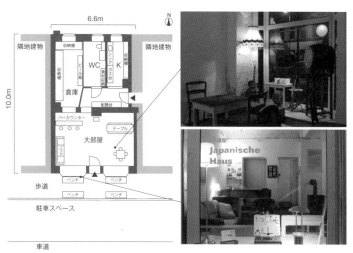

転換期の［日本の家］の空間。がらんどうだった空間に、バーテーブル、椅子と机などが置かれるようになり、「ごはんの会」用に空間が整備された

投げ銭用のカゴ（左）と参加者に自分で洗ってもらうためのコーナー（右）

地元の若いミュージシャンによるコンサート（左）と彫刻家による紙粘土のアートワークショップ（右）

ンサートを企画できるようになります。こうしたイベントの掛け合わせでキーとなったのが薄井さんです。彼は地域のミュージシャンがあつまるジャムセッションに参加するようになり、そこで地元のアーティストやミュージシャンとの交友関係を広げていきます。この時期のネットワーク図<sup></sup>(p.188参照) を見てもわかるように、彼らが「ごはんの会」に参加するようになったことで、地元の人びとへとネットワークがじわじわと広がっていきました。

## 「ドイツ最悪の通り」という好条件

この時期、[日本の家]があるアイゼンバーン通りは、2章でも述べたとおり、ボロボロの空き家、外国系ギャングの抗争、ドラッグのまん延など悪いイメージがありました。しかしこれがかえって、[日本の家]の活動に有利にはたらいていました。まず、隣近所は

ほとんど空き家だったので多少の騒音なら気にせず音を出すことができ、ミニライブやイベントを気兼ねなくできる環境がありました。夏になると、室内に収まりきらない人びとが通りまで溢れだし、テーブルや椅子をおいて路上でごはんを食べるのですが、通行人も路肩に車を停める人も少ないため当局からは黙認されており（本当は届け出が必要だったのですが）、かなり自由にやれていました。

　また、歴史的にアイゼンバーン通りは労働者向けの地区として開発されており、［日本の家］が入居しているスペースは質素でこぢんまりとした造りの個人商店用につくられた路面店。大部屋はたった40㎡でスタッフは2人もいれば目が行き届き、掃除や片付けも手が足ります。経験の少ないわたしたちでも十分空間を管理できました。

　［日本の家］の上の階（5階建ての2階部分）は3部屋の個室があるシェアハウスとしていたのですが、こちらも質素なつくりで、家賃は格安。このことも、［日本の家］の活動に大きく貢献しました。1部屋にはわたしが住み、ほかの2部屋の個室は入れ替わり立ち替わり、日本からの訪問者が住んでいました。ざっと数えても2018年までに15人ほど。特にアーティストにとっては、生活と制作のために使える部屋があり、ドイツ語のできる日本人が常駐しており、しかも［日本の家］で作品の発表ができるという、かなりの好条件です。いわゆる「アーティスト・イン・レジデンス」ですが、他都市のレジデンスに比べコスト面でも空間面でもかなりお手頃。滞在者

［日本の家］の上階（筆者の自室）からの風景（2013年撮影）　当時はほぼすべて空き家だった。　2020年現在はここに写っているすべての建物が改修され住人が入居している

のなかには、そのままライプツィヒに居着いて、[日本の家]のコア
メンバーになる人も現われました。

このように、「ドイツ最悪の通り」という条件があったことで、わ
たしたちは格安な空間を自由に使えていました。[日本の家]だけで
なく、2012年ごろからアイゼンバーン通り沿いで若者たちがアー
トスペース、食育施設、都市農園などを次々と立ち上げていくので
すが、背景にはそういった空間的条件があったのです[*10]。

## 家賃の値上がりとキオスクへの登録

2015年初頭に1通の手紙が来ます。それは大家から家賃の値上
げを通知する書面でした。これまでタダ同然の家賃で活動してきた
[日本の家]ですが、突然月に300ユーロ（約4万円）ほどを家賃と
して支払わなくてはならなくなり、光熱費や保険料も含めると合計
で410ユーロ（5万円）ほどが毎月必要になりました。ドイツでは
住居の家賃は簡単には値上げできないのですが、商店部分は大家が
簡単に家賃を上げられるため、このような通知はめずらしくありま
せん。

リヒターさんの寄付金だけでは活動資金を賄えなくなると、自分
たちで稼ぐ方法を模索するようになります。この時期はちょうど
「ごはんの会」がうまくまわりはじめていたので、その売上を収入
として計上することが考えられました。しかし[日本の家]は飲食
業としては登記していません。食べ物の対価として利益を得ること
はできず、もし登記するとなると防火や衛生の条件をクリアせねば
ならないので、空間を法規に沿って改装することになります。が、
もちろんそんな予算はありませんし、そもそも「ごはんの会」は経
済状態にかかわらず誰でもごはんを一緒につくって食べられること
を大事にしています。レストランやカフェのような営利活動にする

ことは目的ではありません。一方で、［日本の家］を続けていくための収入も必要……さてどうするかとメンバーで考えあぐねていたところ、ミンクスさんが名案を思いつきます。それが［日本の家］の空間を「キオスク」として登記するというものでした。「キオスク」はレストランやカフェとは異なり、調理した食事を提供するわけではないので、飲食業の登記は不要です。しかし瓶に入った飲み物を提供することは可能です。こうして、食べ物は寄付制だけれど、飲み物をはきちんと値段をつけて売る、というスタイルが確立されました。

それでも不特定多数の人にご飯をつくって振る舞う、という行為は、本来許可を取らないといけません。友人をあつめた私的なパーティであると言い切るには、規模が大きくなりすぎていました。そこで毎回のごはんの会のときに、当日だけ有効な「会員証」を発行し、ごはんの会に訪れる人びとに配ることにしました。つまり、ごはんの会はあくまでも［日本の家］の会員による、会員のための、クローズドなパーティである、という状態をつくったのです。この「技」はほかのイベントスペースで行われていたことを参考にしました。後に衛生局が一度抜き打ちでチェックに訪れるのですが、そのときはこれで切り抜けました。もちろんお役所も実態を理解してはいたのでしょうけれど、あえて取り締まるほどではないと判断したのだと思われます。

こうして、ごはんの会をつづけていくための、さまざまな知恵とノウハウが、この時期に培われていきました。

当日だけ有効な「会員証」を毎回発行して参加者に配布していた

## 転換期の活動とネットワーク
### （2014年4月〜2015年10月）

### 【活動と参加者】

イベント：96回（平均5回／月）・参加者：8,730人（平均460人／月）

　2014年4月から「ごはんの会」を定期的に開くようになり、参加者数が急増します。2014年7月時点で月に600人近くが訪れました。「日本」はメインのテーマではなくなり、代わって食と音楽をテーマとした交流会の比率が高まりました。このことで日本に特別に興味の無い近隣住民などもあつまるようになりました。まちづくりワークショップと地域芸術祭の開催時にはひと月の参加者が過去最大の745人となりました（p.165,166 [日本の家] の沿革を参照）。

### 【運営者のつながり】

　運営者数がⅠ期の38人から45人に増加。内訳を見てみると、出身地では日本の比率が下がり、ドイツでも日本でもない人びとが増加しています（**1**）。また職業・ステータスで見ると、自由人の比率が急増しています（**2**）。

　蔭西さん（KK）、薄井さん（NU）、ミンクスさん（MN）、筆者（YO）といった日本人が運営の中心にいます（**3**）。その周辺をアーティスト、ミュージシャン、フリーターなど、国籍のさまざまな地元の自由人が取り囲んでいます（**4**）。「ごはんの会」の開始により、日本人がハブとなって、これらの人びとが［日本の家］に参加するようになります。一方、まちづくりワークショップを通じて行政関係者や芸術家とのつながりもうまれます（**5**）。

　黎明期は日本人コミュニティを中心としていたネットワークだったものが、転換期に入って地元のコミュニティや行政・大学といったドイツのコミュニティともつながりだしたことがわかります。

## II. 転換期

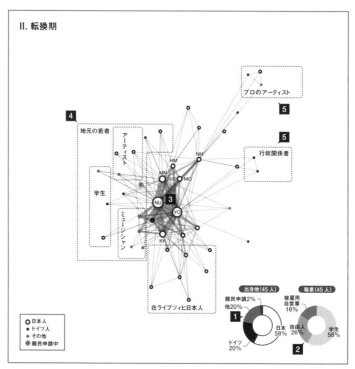

プロのアーティスト **5**

**4**

地元の若者

アーティスト

学生

ミュージシャン

HM

MN

MO

NU **3**

YO

KK

在ライプツィヒ日本人

行政関係者 **5**

○ 日本人
● ドイツ人
● その他
◎ 難民申請中

出身地（45人）

難民申請2%
他20%
ドイツ20%
日本58%
**1**

職業（45人）

被雇用自営業16%
自由人26%
学生58%
**2**

転換期の運営者のつながり*9

188

# III. 発展期：
# さまざまな人びとがあつまる地域のリビングへ

## 欧州難民危機という大きなインパクト

　アラブ世界における政治的混乱を背景に、2015年、中東とアフリカからヨーロッパを目指して大量の難民が押し寄せる、「欧州難民危機」とよばれる歴史的な出来事がおこります。ドイツは2015年だけでも110万人の難民を受け入れました。ライプツィヒに流入する難民は特にシリア出身者が多く、2017年には8,000人に達し、2013年と比較しても、わずか4年でじつに16倍に膨れあがりました。ほかにもイラク、アフガニスタン、モロッコ、チュニジアなどの出身者が増加しました。もともとアラブ諸国出身者が多かった東地域の外国人率は、これによってさらに高まり、[日本の家]のあるフォルクマースドルフ地区は2010年ごろに20％台だった移民率が2015年には40％弱にまで急増します<sup>(p.72参照)</sup>。

　このことを背景に、「ごはんの会」にも難民の人びとが訪れるようになります。2015年10月、近くに住む10代の男の子グループが初めて[日本の家]を訪れました。彼らは、母国シリアやアフガニスタンにいる家族とは離れ、1人でいくつもの国境を超えて、数々の危険を乗り越えてやってきました。その多くは、戦争で混乱した母国では満足に教育を受けられないことを危惧した親たちに欧州へと難民として送りだされた子どもたちです。受け入れ先が正式に決まるまで、難民支援のNPOの人びとが運営する仮宿舎で生活していました。衣食住は保障されているものの、なかなか学校が始まらず、ドイツ語もままならず、自由に使えるお金もありません。そんな彼らが少しでも人びとと触れ合う機会をつくろうと、生活の世話

をするドイツ人のボランティアスタッフが、定期的に彼らを「ごはんの会」に連れてくるようになったのです。

　最初はあたらしい環境に戸惑っていた子どもたちですが、次第に慣れ、積極的に野菜を切ったり料理をしたり、ほかの参加者とコミュニケーションを取るようになっていきます。そんなとき料理はとても良いもので、野菜を洗ったり切ったりと、やることは大体決まっているのでそれほど言葉が必要ありません。切る、混ぜる、炒めるなどの調理手順も、ジェスチャーでなんとなく伝わります。しかも自分が手伝った料理がみんなに振る舞われるというのは、なかなかの達成感があります。そんなこともあってか、男の子たちは学校が始まるまでの数ヶ月間、喜んで手伝ってくれていました。この本の巻頭で紹介した［日本の家］の様子は、まさにその少年たちがごはんの会に関わっていたときのものです。

## 誰もが「もてなす側」になれるということ

　この少年たちのグループを皮切りに、多くの移民・難民の人びとがごはんの会に訪れるようになります。一口に難民といっても、母国では学生、職人、アーティスト、料理人、会社経営者、ボクサーや医者となどじつにさまざまな職業についていた人びとで、出身地もまったくバラバラ。その日にお手伝いしてくれた人には、お礼としてごはんと飲み物1本は無料ということにしているので、子どもたちや経済的に厳しい状況に置かれている人も関わりやすかったのだと思われます。これに地元のドイツ人とライプツィヒに引っ越してきたばかりの日本人も加わり、老若男女の有象無象が［日本の家］にあらたな出会いを求めてあつまってくるように。まさにさまざまな人が「同じ釜の飯を食う」ということになったのです。

　そうこうしていると、最初はお客さんとして食べに来ていたはず

の人がいつの間にかキッチンで腕を振るっている、という光景をよく目にするようになります。アフリカ、中東、アジア、南米など、毎週のように異なる地域の出身者が母国料理をふるまうようになったのです。

　この過程で、わたしたちはごはんの会がもつあらたな役割を自覚するようになります。それは、誰もが「もてなす側」になれること。「外国人」という存在は良くも悪くも社会ではお客さんとして扱われがちです。特に難民の人びとは、政府やボランティアの人びとからさまざまなケアを「与えられる存在」であり「保護される対象」です。しかし与えられるだけの立場というのは、（わたし自身、ドイツでは外国人でしたからわかりますが）自分の存在意義を確認できない虚しさがあります。料理をつくってほかの人に振る舞う、もてなすというのは、一見大変シンプルなことに見えますが、「与える」側になるという意味でとても重要なことです。言葉が通じなくても、料理を振る舞うことで自分の文化を紹介でき、美味しい、ありがとう、

国籍、職業、年齢もさまざまな人びとが、一緒に料理をしてお客さんをもてなした

と声をかけてもらえ、大きな充実感を得られます。

　一緒につくって一緒に食べるというシンプルな活動を続けていただけなのに、国、文化、職業、経済状態などたくさんの違いを越えて人びとが関わり合うきっかけとなることは、次第に運営メンバーのやりがいにもなっていきます。多様な人びとが背中合わせで暮らしているライプツィヒ東地域では、なおさらこのような取り組みが大きな意味をもちました。

　こうして運営者と参加者が増えたことから、2015年からはそれまで週に1回だった「ごはんの会」を週に2回開くようになり、週80〜200人の人びとが訪れるようになりました。

## 素人たちが共に手を動かし場をつくりつづける

　一方、誰もがもてなす側になるということは、完成度の高いものができるときもあるし、逆に失敗する可能性も大いにあるということです。誰もが素晴らしい料理のスキルをもっているわけではないし、料理の腕に自信がある人でも、いつもプロのようにつくれるわけではありません。段取りが悪く、料理に手間取り、開始時間が数時間遅れてしまうこともしばしば。用意する量が少なすぎてすぐ売り切れてしまうこともあります。ですから、イベントのクオリティは高かったり低かったりと毎回出たとこ勝負、現在にいたるまで全く安定しません。料理が別に得意ではないわたしが担当した日は、鍋を焦がしてしまったり生煮えだったりと何度も失敗しています。このように、［日本の家］のごはんの会はとても「素人的」なのです。

　しかしある時期から、「素人的」であるということこそが開かれた場にとって重要なのだと気づくようになります。そもそもレストランではないので、毎回アドリブが当たり前。キッチンで鍋をかき混ぜながら「あーでもない、こーでもない」とみんなでつくっていま

すから、あまり美味しくなくても「今日は失敗したねー」とネタに
なります。次回は味付けをこうしてみよう、とか、今日来たあの人
につくってもらおう、という話になるのです。時には「次は俺がもっ
と美味いものを食わせてやるぜ！」という人が、翌週の調理人に名
乗りを上げてくれたりします。

　料理だけではなく、展覧会やコンサートといったアートのイベン
トも同様です。全世界を飛びまわり、第一線でバリバリ活躍してい
る人がコンサートを開くこともあれば、近所の若者が人生初の弾き
語りライブに挑戦することもあります。

　2016年3月に抜き打ちで市の衛生局が［日本の家］を訪れ、キッ
チンの改装を指示しました。ガス調理器まわりをタイル張りにし、
カビの防止対策を行い、シンクを2台に増設し、換気扇を取り付け
るなど、DIYでわりと大掛かりな改装を行いましたが、これもあ
くまで素人施工に毛が生えたレベル。誰が上から作業を指示すると
いうわけでもなく、「こーしたほうが、あーしたほうが」と知恵を出し
しながら、時に言い合いになりながら、作業しました。

　料理にしても、アートにしても、空間づくりにしても、わたした
ちは常にクオリティ＝完成度が重要だと考えがちです。多くの場合、
わたしたちはこれを「お金を払ってプロにおまかせ」しているわけ
です。もちろん、プロのクオリティが求められる場面も多くありま
す。しかしその先入観を捨ててこそ初めて見えてくる、愉快で有意
義な場のありかたを［日本の家］は体現しているのです。「いろいろ
な人たちが一緒に自分たちでつくっていく」ような場所では、でき
あがるものが常にプロのクオリティにはなりえないし、そもそもそ
れを目指す必要もない。むしろクオリティを求めると、サービスを
提供する「プロ」と享受する「客」に別れてしまい、致命的に失われ
る場の価値があるのです。［日本の家］とは、**質の高い完成品をつく**

**ることに価値があるのではなく、さまざまな人びとが〈共に手を動かして、常になにかをつくりつづけること〉に価値がある**のです。

　一方で、「素人的」になりすぎても、緊張感がなくなり、面白くありません。プロと素人、どちらかに偏りすぎてはダメで、いろいろなクオリティが入り混じっていることが重要です。例えばごはんはみんなでワイワイつくるけれども、その後の社会的なテーマに関するイベントはきちんとしたファクトやデータを参加者に示し、訓練されたモデレーターが参加者を話し合いへといざなう。あるいは、世界的に有名なアーティストを招いてコンサートを行うときも、まずは参加者と一緒に野菜を切ってもらう。このようなメリハリです。そのプロ／素人のバランスを取って豊かな交流の場所を用意することこそ、運営者の腕の見せ所なのではないか。この時期を通じてわたしはそう実感するようになりました。

DIYでたどたどしく空間を整備するメンバーたち

## 「フラフラした日本人」がつくるドイツ社会と外国人の接点

　この時期もうひとつ明らかになったことは、［日本の家］がドイツ社会と移民や外国人をつなぐ役割をしているということでした。難民危機のおこった2015年以降、ソーシャル・インテグレーション（社会的統合[p.73参照]）がライプツィヒの都市問題として急浮上しました。噛み砕いていえば、あたらしく都市に入ってきた外国人が社会に居場所を見つけられること、社会に統合されていることが、本人たちにとっても社会にとっても非常に重要であるという考え方です。

　［日本の家］は彼らにとっても数々の出会いが日常的におこる場所でした。近所でもやんちゃで有名なチェチェン出身の子どもたちが、お姉さんと料理をつくるときはキリッとして自分たちから手伝ったり。国同士の関係は決して良いとはいえないイランとイスラエルの出身のおじさん同士が意気投合し、共に音楽を奏でていたり。スペインと日本と中東の料理が入り混じった、独自の料理が生まれたり。普段は静かな移民の若者が、ジャムセッションで突如めちゃくちゃかっこいいラップをかましたり。［日本の家］は外国人や移民の人びとが自由に人間関係を広げ、社会に居場所を見つけていくためのプラットフォームとなっていったのです。

　この時期の人びとのネットワーク図[(p.202参照)]からもわかるように、運営の中心は海外でフラフラしている日本出身者たちでした。ワーキングホリデー中の旅人やフリーター、学生、研究休暇中の研究者、アーティスト、ミュージシャンなどあらゆる日本人がやってきては活動に加わります。その多くは仕事や学業に追われず時間に余裕のある人びと、つまり「暇人」でした。彼らが各々、近隣の住民たちはもちろん日本やドイツ社会などあらゆる方向に友人ネットワークを広げ、それが［日本の家］を通じて重なり合います。［日本

の家］の倉庫にメンバーが一時期住み着いていたことも、近隣の住民たちと親しくなった要因です。毎日のようにジャムセッションしたり、チェスをしたり、ごはんをつくって食べたり、身の上話を聞いたりという日常生活が繰り返されていきました。フルタイムの仕事をしていたり、学業や研究に追われたりする人だけではこうした場づくりは困難でしょう。［日本の家］は「暇人」がいたからこそ、多様な人びとが出会い、つながる場となっていったのです。

　ドイツに住む移民や難民の人びととしても、日本人という同じ外国人（特にアジア人）の人びとが運営している場所は、親近感がわき、立ち寄りやすいものになっていたようです。ソーシャル・インテグレーションに関してはさまざまな試みが存在しますが、どうしても社会に統合「する」側のドイツ人と、「される」側の外国人（移民・難民）を分ける溝があります。日本人という中立的で第三者的な立場の人びとは、その溝を埋める、いわば「接着剤」の役割を担いうるのです。「日本」というキーワードあるいはイメージがこのように役に立つのは、わたしたちにとってもあたらしい発見でした。

ごはんの会が無いときも、ジャムセッションしたりチェスをしたりと、近所の人びととゆっくりと時間を過ごしていた

## 予測不能なトラブルの連続： アルコール・ドラッグ・ハラスメント・盗難

　しかし、[日本の家]の知名度が上がり、人があつまればあつまるほど、問題もおこるようになります。アイゼンバーン通り沿いという土地柄もあり、泥酔した人やドラッグを摂取した状態の人が訪れ、喧嘩になったり、女性にセクハラしたことも。この頃のわたしたちは、トラブルがおこった時にどう対処するかということに頭を悩ませていました。事件をおこした人を出入り禁止としてしまうのも、もちろんひとつの対処法でしょう。しかし「開かれた場所」を目指すなら、あまりそうしたくない。基本的にはまずどんな人でも、どんな状態でも、可能な限り「話し合う」、かつトラブルがおこったらその都度メンバーであつまってどうするか考えることにしました。

　お金や備品が盗まれる事件もたびたびおこりました。何度か調理場に立つうちメンバーとも親しくなり、[日本の家]の運営にも関わっていた男性が、ある夜、ほかの運営者の荷物を盗むという事件がおこりました。「同じ釜の飯を何度も食べてきた仲間に裏切られた」ことは、運営者たちをとても動揺させました。

　[日本の家]は行政によって管理された公共空間ではないし、税金で運営されている福祉施設でもありません。開かれた場所でありたいというのは、あくまで運営者たちの意志であり、すべて自分たちの自治に基づくものです。問題がおこったときにどんな線引きをし、いかに対応するかということも、運営者自身の判断に委ねられます。「すべての人に開かれた場所」というのは美しく、簡単に聞こえますが、実際には予測不可能なトラブルが突然おこるなかでの難しい舵取りの連続で、常にストレスに晒されることでもあるのです。

毎週２回これだけ人があつまるようになると、その分さまざまなトラブルもおこった

## 空間と活動を巡る運営者間のコンフリクト

　一方、運営メンバー間にも以前には無かったようないざこざがおこるようになりました。かつては思い立ったらいつでも使えた［日本の家］の空間ですが、大勢が集うようになりイベントの頻度も上がったことで、それぞれのメンバーが自分のタイミングで自由に使えなくなったのです。また、前述のとおり2016年夏頃から運営メンバーのうち数名が、倉庫に寝泊まりするようになります。［日本の家］に常に人がいるようになり、その人たちのつながりで多くの人びとが訪れるようになった反面、私物が散乱し、特定の人びとによって独占的に空間が利用されることが多くなります。

　また、開催するイベントの方向性も徐々に運営者間で食い違いが生じるようになりました。例えば、移民・難民のインテグレーションをテーマとしたイベントの賛否です。ごはんの会は、国籍や背景などにかかわらず「すべての人びと」が立場の違いなく参加できる

198

ことを目指していましたが、社会的統合をテーマとしたイベントや
ワークショップは、「難民の人びと」を対象化してしまう、つまり人
びとを支援する側とされる側に線引きしてしまうことになります。
これに対し、一部の運営者が違和感をもったのです。これは社会的
統合という視点のもつ根本的な問題点、つまり、常に統合する側と
される側に分かれるということを露呈させるものでした。

　［日本の家］は、運営者が自律的に場所を維持管理しています。
しかしそれは、誰もがいつでも自分の思うように空間を使えるとい
うことではありません。むしろ逆で、ルールがきちんと定まってい
ない分、その時々できちんとコミュニケーションを取る気遣いや配
慮が必要です。特に、考えかたが対立し不満をもったとき、唯一の
解決策は、とにかく顔を突き合わせて話すことです。空間の使いか
た、掃除や整理整頓、活動スケジュールのすり合わせ、あるいはもっ

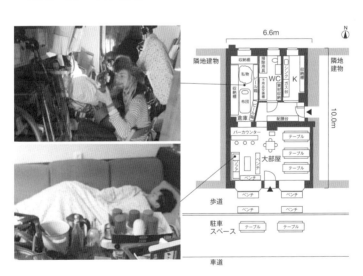

イベントが多数催されるようになったうえに、人が住み着いていたために生活空間にもなってい
て、私物が頻繁に散乱した。そのためこの時期は空間の使いかたをめぐり、何度もトラブルがお
こった

199

と根本的な、［日本の家］のコンセプトや活動方針などについて、意見をオープンに言い合うことが重要でした。しかしながら、今振り返ってもこの時期は素直にコミュニケーションし合えなかった、というのが実情です。それぞれ思うところがあっても素直に言いだせなかったり、コミュニケーション不足で真意が伝わらなかったり。些細なことで運営者同士が険悪な関係になってしまうこともありました。解決するには話し合うしかないとわかっていても、簡単なことではなかったのです。

## やっかいなことが次々おこる日々： それでも場を開きつづける理由

　このように、この時期は［日本の家］の転機でした。関わるメンバーが充実し、豊かなつながりが生みだされていったことで、多様な人びとに開かれた地域のリビングのような場所になると同時に、関わる人びとが増えたことでトラブルやコンフリクトも多発しました。

　もちろんこういう活動を行ううえで、コミュニケーションや文化の違いが問題になったり、些細な原因で仲間割れすることもあります。お金になるわけでもないわりに恐ろしく手間がかかる。しかも場所柄ちょっと面倒なお客さんの乱入は日常茶飯事です。

　そんな状況でもやはりわたしたちは、可能な限り誰にでも開かれた状態にしたいと考えます。その理由は「そのほうが楽しいから」という点に尽きます。普段は酔っぱらいのおじさんでも、毎回来るうちにその人の素敵な面が見えたり、あるいは孤独や問題を抱えている人が、少し心を開いて話してくれることがあったり。些細なことですが、そういう瞬間がおこる場所を維持していきたいということが、この時期のメンバーが共有していた思いだったとわたしは思っています。

この時期を記録した映像作品『40㎡のフリースペース』[*11]

　[日本の家]を立ち上げて5年目を迎えたこの時期に、わたしたちはここに集う人びとや活動の記録映画を撮りはじめました。直感的に、「この人びとの蠢きを、なにかしらの形で残しておきたい。こんな面白い状態はきっと長くは続かない」と思っていたのです。

## 発展期の活動とネットワーク
### （2015年11月〜2017年6月）

### 【活動と参加者】

イベント：225回（平均11回／月）・参加者：1万590人（平均530人／月）

　イベント数、参加者数が転換期に比べさらに増加しました。「ごはんの会」を週に2度行うようになり、交流会の比率も上昇しました。また地区に難民が流入したことにより、多文化をテーマとしたイベントが開催されるようになりました（p.165,166［日本の家］の沿革を参照）。

### 【運営者のつながり】

　日本出身者の割合がさらに低下し、日本、ドイツ、ほかの国がすべてだいたい同じくらいの割合で存在するようになりました。特に

中東出身の難民申請者が運営に新規参加するようになります（**1**）。これらの多くは自由人でした（**2**）。つながりの中心にいるのは日本出身の自由人で（**3**）、ごはんの会の拡大により、難民として入ってきた地元に住む若者、子ども、中年の住民らがあらたに［日本の家］の運営に加わりました（**4**）。

　一方、沖縄や鳥取のアート関係者、尾道のまちづくり関係者がライプツィヒを訪れ、日本とのつながりができています（**5**）。また地元の建築家、東地域のほかのまちづくり団体と［日本の家］がつながりました（**6**）。

　このように、運営者数は転換期よりさらに増加し、つながりも多方向へと広がりました。

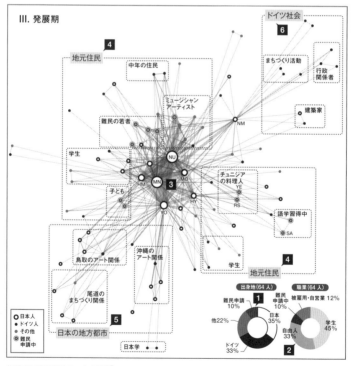

転換期の運営者のつながり*9

202

# IV. 再転換期：
# メンバーの交代とあたらしい体制

## 日本人が相次いで運営から離れる

　2017年の夏を過ぎる頃、[日本の家]に大きな変化が訪れます。それまでごはんの会にどっぷりと関わっていた日本人が、帰国したり就職したり他都市へ移住したりと、相次いで運営から離れたのです。わたし自身も日本での研究や活動が増え、不在にすることが多くなります。こうして[日本の家]の運営メンバーが一時期、それまでの半数以下に減少します。それにかわり、2018年初頭からは、難民申請中の人やドイツ出身者が、「ごはんの会」をメインで運営するようになります。

　2011年の開始以来、[日本の家]は何度かの運営者の入れ替わりはあったものの、あくまで日本人が運営の中心にいました。これがごっそりと抜けることで運営の中心に隙間ができ、そこに以前は「お手伝い」として[日本の家]に関わっていた日本人ではない人びとが入り込んできたのです。2018年夏になると、[日本の家]という名前がついているのに、ごはんをつくっている人も参加している人も日本人がほとんどいない、という不思議な状況になっていました。

2018年に主にごはんの会を運営していたのは、主にドイツと中東の出身者だった

## 運営チームの国際化とあらたな課題

　あらたに運営を担うようになったうちの1人、ザラー・アンツさんをご紹介しましょう。シリアで生まれたクルド人である彼は、2016年に難民申請者としてドイツに入国し、ライプツィヒに落ち着きます。ドイツ語を学習中だった2018年初頭ごろから［日本の家］に参加者としてたびたび顔をだすようになり、持ち前の気さくなキャラクターでまたたくまにメンバーらと仲良くなります。同じ頃、ライプツィヒ生まれライプツィヒ育ちの料理人、ティノ・ヘンシェルさんも、ひょんなきっかけで［日本の家］に関わるようになります。ティノさんとザラーさんは［日本の家］で意気投合し、共に「ごはんの会」を始めとしたさまざまなイベントを運営するようになっていきました。これに日本から飛びだしてきた10代の若者や、一度日本に帰国していた後にまたライプツィヒに帰ってきた蔭西さんなどが加わり、［日本の家］の運営は不思議な「多国籍チーム」が担っていくことになります。

　出身国は違えど彼／彼女らに共通していること、それは（やっぱり）「暇である」ということでした。難民申請というのは非常に時間がかかります。何度も繰り返される書類審査と面接。これと並行して、言語の学習やドイツ文化を学ぶ義務が課せられるため、1年くらいは働くこともできない、宙ぶらりんな期間となります。ドイツではそのような「準備期間」状態の人びとに生活費や住居を補助していますから、贅沢しない限り生活に困ることはありません。ですから語学学校が終わった放課後はアルバイトをするでもなく（そもそもビザの要件で就労は禁止されてますし）わりと時間があります。2018年ごろは、ザラーさんのようにドイツ生活にある程度慣れ、ドイツ語もできるようになり、時間もある難民申請中の人びと

が、アイゼンバーン通り沿いに多くいたのです。また［日本の家］に関わるドイツ人も、失業中の人、フリーター、学生など時間の自由が利く人たちでした。また、よく知られているように、日本に比べればドイツの労働時間は圧倒的に短いですから、普通に働いている人でも［日本の家］に関わる時間が取りやすいのです。難民申請中の人にしてもドイツ人にしても、充実した社会保障システムのおかげで、ライプツィヒには多くの「暇人」がいるのです。これにフラフラしている日本人を加えたインターナショナルな「暇人」チームがうまれました。

　さて面白い多国籍チームができたのは良かったものの、あらたな問題が立ち上がります。それまでの中心的な運営者はみな日本語ができる人びとだったのですが、この時期になると運営メンバーそれぞれの可能な言語が異なるために、ドイツ語や英語を交えた運営体制を整える必要がでてきました。しかしあらたに日本からやってきた運営者のなかには、ドイツ語や英語が得意でない人もいたため、コミュニケーションの問題が表面化していきます。日本人同士が日本語で話してものごとを決めてしまい、非日本語話者が「え、そんなこと聞いてないよ」と後から知る、といったトラブルが増えました。これに加え、「オープンに、クリアに、みんなで話し合ってルールを決めてから各自が役割をもって動く」というドイツ的な作法と、「なし崩し的にものごとが動き、察し合いながら各自が役割を見つけて有機的に動く」という日本的な作法がうまく噛み合わなかったという面もやはりありました。こうして、運営チーム内の言葉と文化の違いは、現在にいたるまで［日本の家］の課題となっています。

　以前は定期的なミーティングは開催されておらず、日本人運営者たちの「あうんの呼吸」で運営されていましたが、運営チームが入れ

日本語・ドイツ語・英語が飛び交う現在の［日本の家］のミーティング風景

替わったことをきっかけとして、2018年後半以降は月に2回ほどの
ペースで定期的にミーティングが開かれ、ドイツ語・英語・日本語が
混じり合う話し合いの場でものごとを決めていくようになりました。

## 日本でも活動が知られるようになる

　一方、2018年以降、日本からの訪問者や視察者が急増します。
きっかけは、日本に帰国していたメンバーによって日本各地の芸
術祭やトークショーで［日本の家］が紹介されたことでした。また
2015年から撮りためていたドキュメンタリー映画『40㎡のフリー
スペース』が2018年半ばに完成し、鳥取、尾道、岡山、京都、新潟、
福岡、大阪、東京など各地で
上映会が行われました。新聞、
雑誌、WEBやテレビでもライ
プツィヒと［日本の家］のこと
が取りあげられるようになり
ます。並行して、オンライン
で［日本の家］の活動に対する

2018年末には［日本の家］が日本のテレビ番
組に取りあげられた

2017年［日本の家］で出会ったメンバーが、鳥取県鹿野で行った芸術祭「てぶら革命」の様子。このほかにも日本各所で講演会やイベントを行った

寄付金あつめも行われたことで、多くの日本在住の方々に［日本の家］を知ってもらう機会となりました。

　［日本の家］の活動が日本でも知られるようになると、空き家問題や多文化共生といったテーマに関心をもつアーティスト、学生、研究者、建築関係者、行政関係者、ジャーナリストなど多くの人がライプツィヒと［日本の家］を訪れるようになります。「ごはんの会」では、日本人のゲストたちが自身の活動について発表し、それをきっかけとして現地の人びとと交流する、ということがしばしばおこります。こうして尾道や鳥取などをはじめ、［日本の家］と日本の各都市のあいだで定期的に人が行き来するようになりました。

## 民主的で安定的な運営とその短所

　「ごはんの会」も開始から3年以上たち、ノウハウが蓄積され、誰かが指示をしなくても成り立つようになり、まちに十分浸透したことで大きく宣伝しなくても自然と人びとがあつまるようになりました。また、さまざまな国の料理人がチームに加わったことで、料

理のクオリティも以前に比べれば安定していきます。調理場もかなり整備され、料理道具や空間設備も十分整い、衛生局のチェックも簡単に通るようになりました。2019年からは毎週ミーティングが開かれるようになり、イベントスケジュールのすり合わせやさまざまな報告、今後の活動方針などが話し合われ、会計もメンバー全員がきちんと把握できる形で共有されています。掃除や整理も定期的に行われるようになり、それまで片付けても片付けても一瞬で散らかっていた［日本の家］が、ある程度ルールができて整理整頓が行き届いた空間になっていきました。「ごはんの会」開始当初の渾沌を思うと、隔世の感があります。

　このように、メンバーの交代と多様化によって［日本の家］は**民主的**で**安定的**な場へと変化し、活動が**成熟**しました。しかし一方で、突発的な「事件」は少なくなっていきました。以前は個々のメンバーが［日本の家］というプラットフォームを使って、わりと「自由」あるいは「勝手気ままに」に活動をしていたからこそ、ダイナミックな交流の場が築けていたのですが、運営体制が整い、話し合いできちんと決めていくようになると、良くも悪くも場が安定します。この時期のネットワーク図<sup>(p.210参照)</sup>を見ても、コアの運営者同士は強くつながっている一方、外の世界に向かって伸びるつながりをつくる人が少なくなったため、つながりの広がりは以前にくらべやや失われていることが見てとれます。

　個人主義的でダイナミックな活動と、民主的で安定的な活動は、そもそも「いいとこ取り」ができるものではありません。活動の形が安定し、定まってくるにつれ、その秩序を崩そうとするものは意識的にも無意識的にも排除されるようになります。しかし、安定を崩すようなものと対峙せざるを得なくなって初めて、メンバーはあらたなことを学び、あらたなことにチャレンジしてきました。今は

一時的に安定しているように見えても、いろいろな要因によってこれが崩れるときがまた来るでしょう。そのときに、［日本の家］が今度はどのような方向に向かうのか。わたし自身とても楽しみです。

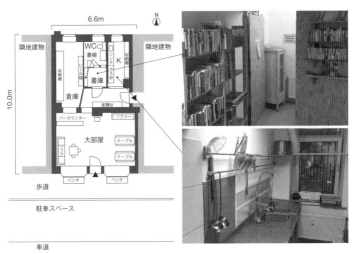

住み着いていた人が出たことで、私物もなくなり倉庫が整頓された。キッチン、トイレ、倉庫などがきちんと整備され、設備も十分整った保健所のチェックも難なく通るようになった

## 再転換期の活動とネットワーク
### （2017年7月〜 2018年12月）

### 【活動と参加者】

イベント：197回（平均11回／月）・参加者：9,165人（平均509人／月）

参加者数とイベント数は増加が止まります。イベントの内容は日本をテーマとしたものが少し増えました（p.165［日本の家］の沿革を参照）。

## 【運営者のつながり】

　2017年7月ごろ、運営を担っていた日本人の大半が運営から遠ざかり、日本人の比率が下がる一方で中東とドイツ出身者の新規参加数が増加します（1）。難民申請中の人びと、ドイツ出身者があらたにつながりの中心に入り込みました（2）。難民申請中の人びとは地元のほかの難民申請中の人びととつながっています（3）。職業・ステータスで見ると難民申請者と自由人の比率が上昇し、特に難民申請者の割合が20%に達します（4）。全体的には、コアメンバー同士のつながりが非常に強くなった一方で、発展期のときにあったつながりの多角的な広がりは失われました。

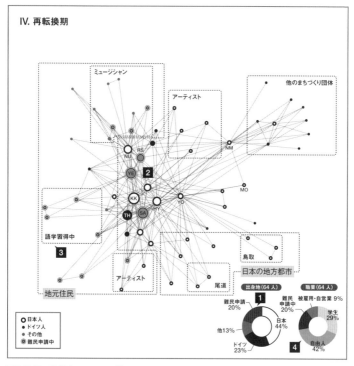

再転換期の運営者のつながり[*9]

　ここまで、［日本の家］において2011年から10年弱にわたって繰り広げられてきたことを、じっくりと紐解いてきました。まとめとして、「人びとの体験」と「空間」という2点に分けてお話ししていきたいと思います。

# 「いいとこ取り」できない体験から
# 得られる気づき

　［日本の家］に運営者として関わってきた人たちは、どんな経験をして、そこからどんなことを考えたのか、という点に着目します。2015年から2017年の間に、31人（出身地：日本14名、ドイツ7名、その他10名）にインタビューとアンケートを行いました。その結果を、「〈日本の家〉で体験したポジティブな点」「ネガティブな点」「気づき・学び」の3つに整理して図示したものが次頁の図です。この図から、改めて［日本の家］でおこったことについて考えてみます。

## まちづくりとは結果ではなくプロセス

　前提として重要な点は、運営者たちの気づきはすべて、人と出会ったりイベントを開催したりという活動のプロセスのなかで得られたということです。初めのうちは楽しいから、面白いからという理由で活動に参加します。そのうちに、日本はドイツ社会と難民社会をつなぐ役割を担いうることや、言葉が通じなくても料理・アート・音楽などを介せばコミュニケーションが可能なこと、あるいはクオリティの追求ではなくどんな人でも参加できる状況の面白さに気づきます。つまり、「○○を達成すべし」と計画・実行した「結果」ではな

く、実行過程でおこった「プロセスの紆余曲折そのもの」から多くの気づきを得ているのです。

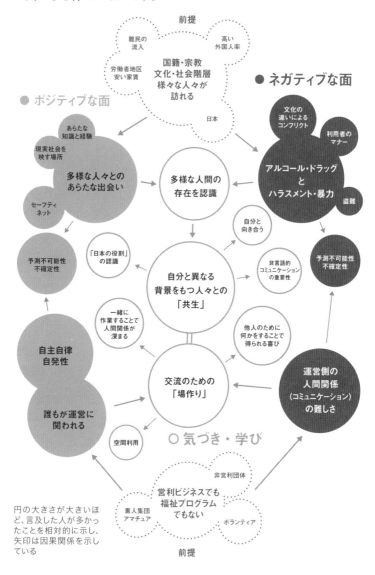

前提

難民の流入

高い外国人率

労働者地区安い家賃

国籍・宗教
文化・社会階層
様々な人々が
訪れる

日本

● ネガティブな面

● ポジティブな面

あらたな知識と経験

現実社会を映す場所

多様な人々とのあらたな出会い

セーフティネット

予測不可能性不確定性

「日本の役割」の認識

多様な人間の存在を認識

文化の違いによるコンフリクト

利用者のマナー

アルコール・ドラッグ
と
ハラスメント・暴力

盗難

自分と向き合う

自分と異なる背景をもつ人々との「共生」

非言語的コミュニケーションの重要性

予測不可能性不確定性

一緒に作業することで人間関係が深まる

自主自律自発性

他人のために何かをすることで得られる喜び

交流のための「場作り」

運営側の人間関係（コミュニケーション）の難しさ

誰もが運営に関われる

空間利用

○ 気づき・学び

非営利団体

営利ビジネスでも福祉プログラムでもない

素人集団アマチュア

ボランティア

円の大きさが大きいほど、言及した人が多かったことを相対的に示し、矢印は因果関係を示している

前提

212

## 「多様性」の生々しさのなかにある学び

　運営者たちは「共生」つまり「自分（たち）とはさまざまな意味で異なる人と、どうすれば共に生きていくことができるのだろう？」ということについての気づきを得ています。多くの運営者が「国、文化、言語、年齢、職などが異なる人びとと出会うことができた」という点をポジティブな側面として挙げている一方で、「ドラッグやアルコールの問題を抱えた人びとが訪れ、ハラスメントや暴力や盗難などがおこった」などをネガティブな側面として挙げていることに着目しましょう。どちらもさまざまな背景をもつ人びとが集うこと、つまり多様性のある場所でおこる事象の表と裏です。この両方の体験をすることで初めて、どんな人でも先入観なく話せばあたらしい発見があること、社会からはみ出している人も一生懸命生きていること、アルコールやドラッグで心身に不調をきたした人とどうやって接する／接しないべきなのかということ、互いに悪気はなくても言語や文化の差ですれ違いはおこることなど、簡単ではないけれども向き合うべき生々しい現実が見えてきたと、運営者たちは述べています。多様性のある場所ではいつもポジティブなことばかりおこるわけではない。生々しい人間関係にさらされることで初めて、「共生」の本質的な難しさと豊かさに気づくことができているのです。

　もうひとつが「場づくり」に関する気づきです。「誰もが運営に関われるオープンな場であること」がポジティブな側面として挙げられている一方、「ルールが曖昧で運営者間のコンフリクトがよくおこること」がネガティブな側面として挙げられていました。これもまた、「運営チームがオープンで、どんな人でも運営者として入り込むことができる」ことの表と裏です。この両面を体験することで

初めて、雇用関係や上下関係ではないチームで場をつくるには、常にそこに関わる人同士が誠意をもってコミュニケーションするしか方法は無いという気づきを得ます。

## 葛藤と衝突があるからこそ連帯がある

哲学者のリチャード・ローティは、多様な人びとが直接的に関わり合うことで、「もしわたしがその人の立場だったら」と人びとが考える契機となり、そのことで初めて〈われわれ〉と〈かれら〉を隔てていると思っていた差異が、「偶然」によるものであると気づき、「わたしたちとはかなり違った人びとを〈われわれ〉の範囲の中に包含されるものと考えてゆく」という草の根の連帯が生まれていくと説きます*12。一緒に料理をして食べたり、一緒にペンキを塗ったり、一緒に音楽を演奏したり、一緒に歌ったり。そういったシンプルな行為の共有を日常的に繰り返すことこそが、国や宗教や文化や言語を超えて、〈われわれ〉の範囲を広げていく。［日本の家］でおこっている数々の物語は、まさにローティの指摘する草の根の連帯を体現しているといえるでしょう。

ただしここで注意しなくてはならない点は、そこには常にトラブルやコンフリクトが潜んでいるということです。「草の根の連帯」の裏には生々しい葛藤や衝突があります。「違いを超えた連帯」という美しいストーリーは人びとを魅了しますが、本当に多様な場に身をおくことは多くの困難を伴います。ポジティブな面ばかりでなく、ネガティブなことから得られること、つまり人びとが傷つき、憤り、悩み、考え、話し合い、助け合い、もう一歩踏みだしてみる、というプロセスにこそ「共生」があり、このいいとこ取りできない体験のプラットフォームをつくることが「場づくり」なのです。

# 「スカスカ」と「ギチギチ」を
# 繰り返す空間

　次に「空間」について、その変化が意味するところを探ってみましょう。前章で取りあげた5つの事例と同じく、［日本の家］も空き家という、不動産市場からこぼれ落ちた都市の〈隙間〉があったから始まりました。わたしたちはもともと、カネもコネもノウハウも無い、しかも外国人の「素人」集団。都市の〈隙間〉がなければ、トライアンドエラーで自分たちの活動を立ち上げていくことは不可能でした。そのうえで、本章で明らかになったこととして、［日本の家］の空間は、「スカスカ」と、「ギチギチ」の状態を繰り返してきたということに着目します。

　まず活動の初期、運営者が少なく活動も盛んでない時期は空間に余裕があり、いわば「スカスカ」な状態です。あらたに入り込んでくる人を受け入れる余地があり、あらたな活動が生まれていきます。「ごはんの会」は、運営者が減少して活動が衰退していた時期に空間が「スカスカ」だったからこそ始まったわけです。

　関わる人が多くなり活動が盛んになってくると、空間が密になっていきます。人と人の距離が狭まり、いわば「ギチギチ」の窮屈な状態になるわけです。こうなると、人びとは否応なく濃密に関わり合わざるを得なくなります。本章で見てきたように、そこではたくさんのトラブルも避けられなくなります。［日本の家］という限られた空間に不特定多数があつまることで、素敵な出会いだけでなくハラスメント、盗難、喧嘩など衝突がおこりやすくなるのです。また、運営者同士でも限られた空間の使いかたを巡っていがみ合いがおこります。つまりこれらは、「空間」が起こす問題なのです。**人の「居場所」があるということは、その人のための空間があるということ**

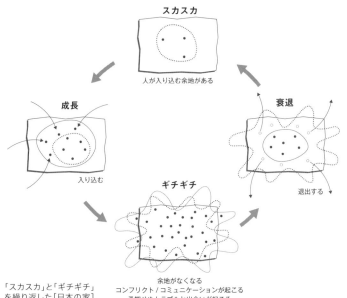

スカスカ

人が入り込む余地がある

成長

入り込む

衰退

退出する

ギチギチ

余地がなくなる
コンフリクト／コミュニケーションが起こる
予期せぬトラブルと出会いが起こる

「スカスカ」と「ギチギチ」
を繰り返した［日本の家］
の空間

です。空間は有限なものなので、どう工夫してもある種の「陣取り
合戦」がおこってしまいます。しかしそこで引きおこされるトラブ
ルやコンフリクトを通じてこそ、メンバーたちは前述した「共生」
や「場づくり」に向き合うチャンスを得ていました。

　「ギチギチ」の状態は長くは続きません。活動から離れざるを得
ない理由ができたり、コンフリクトにうんざりしたり、ほかのこと
に興味が移ったり、単純に飽きたり。さまざまな理由で人びとは抜
けていきます。すると再び空間に余裕ができ、あらたな人びとが入
り込むことができるようになります。［日本の家］では日本人運営者
が離れることで、今度はドイツや中東の出身者が運営の中心に入り
込み、あらたな活動とネットワークが生まれていきました。
そこには、［日本の家］の交流スペースが40㎡という絶妙な大きさ

だったことも関係しているでしょう。決して大きくないので、数人いれば空間の管理が可能である一方、イベントも十分できる大きさであり、少し盛り上がるとすぐにギチギチになるのです。

　人びとのつながりと活動は、刻々と大きくなったり小さくなったり変化するものであるのに対し、物理的な空間は伸び縮みしません。活動が成長しても物理的な空間が同時に大きくなることはないし、活動の衰退によって空間が小さくなることもありません。いわば物理的な空間は融通が効かないのです。その性質が、「スカスカ」な状態と「ギチギチ」な状態をつくりだします。ずっと「スカスカ」のままではなにもおこりませんし、ずっと「ギチギチ」のままでも、あらたな人びとが入ってこられずあらたな活動がおこりません。大事なのは、常に人が抜けたり入ったりするダイナミズムそのものです。そのダイナミズムこそ、［日本の家］が結果的に10年間ものあいだ、生き生きとしたまちづくりの拠点となっていた要因なのです。

*¹ https://miyawrry.com/blog6529 ｜ 2020年8月31日最終閲覧

*² 瀬戸なつみ「ライプツィヒ東地域におけるボトムアップ型都市再生の動向に関する基礎的調査」九州工業大学修士論文, 2015をもとに, 筆者が2016年時点での情報に修正したもの

*³ 2016年の7月から12月にかけて［日本の家］を訪れた人びとに対して、無作為にアンケートを取った結果。回答数は合計で607件だった

*⁴ 年齢、職業・ステータスはすべて運営に参加しはじめたときのもの

*⁵ ただし、本書でも再三指摘しているように、現在ライプツィヒの不動産市場が加熱しているため、家賃は以前より高くなる傾向がある。それでもまだドイツの他都市と比べると平均家賃は7割から5割程度である

*⁶ ロマン・カチャーノフ「こんにちはチェブラーシカ」（原題：Крокодил Гена), 1969

*⁷ 正確にはeingetragener Vereinで「登録された社団法人」という意味。e.V. と略す。日本の非営利のNPOに相当する法人格である

*⁸ 2013年にはライプツィヒ東地域で「ボトムアップ」をテーマに、2014年には日本で北九州リノベーションスクールに参加し「公共空間のリノベーション」をテーマに、2015年には再び東地域で「ポスト成長時代」をテーマに、そして2016年には「ヒューマンタウンスケープ＆都市のたまご」をテーマにそれぞれワークショップを行った。それぞれ1週間から2週間ほどの期間で、ワークショップに参加した人は日本とドイツを中心に総勢100名ほどになる。各ワークショップについて詳しくは、［日本の家］のWEBで公開されているドキュメンテーション冊子を参照のこと（www.djh-leipzig.de/ja/download）

*⁹ 2011年から2018年末までの全583回について、各イベントを運営した人のリストを作成し、4期それぞれについて「誰が誰と何回一緒にイベントを運営したか」というデータに変換し、それをネットワーク解析及び可視化用ソフトウェアであるGephiに取り込んでグラフを可視化した。個々の円が個々の運営者を表し、イベントを行なった回数が多い人ほど円が大きくなる。また一緒にイベントを運営した回数が多いほど円と円を結ぶ線が太くなる。関係が強い人同士がひきつけ合い、関係がない人同士は反発し合うアルゴリズム（Force Atlas）を用いて、運営者同士の関係性を図示している。詳しくは、大谷悠「都市の〈間〉論 ── 1990年以降のライプツィヒ東西インナーシティを事例に」博士論文, 東京大学, 2019のp.288を参照のこと

*¹⁰ これについて詳しくは、＊8で言及したワークショップの報告書冊子の2013年と2015年版を参照のこと

*¹¹ Youtube上で公開している https://youtu.be/9HpsFheSzpM ｜ 2020年8月31日最終閲覧

*¹² リチャード・ローティ（齋藤純一・大川正彦・山岡龍一 訳）『偶然性・アイロニー・連帯 ── リベラルユートピアの可能性』岩波書店, 2000, pp. 395-402（原著：Richard Rorty, Contingency, Irony, and Solidarity, Cambridge University Press, 1989）

# 終章

# 〈隙間〉から見えてくる
# 都市の未来

## 〈隙間〉を読み解く3つのポイント

　ここまでライプツィヒの都市の〈隙間〉を巡るさまざまな議論や、そこに芽生えたさまざまな活動を、現場の視点＝アリの視点で丹念に追ってきました。終章ではそこで得たことを先人たちの言葉を借りながら分析し、〈隙間〉から見えてくる都市の未来を<u>3つのポイントに分けて論</u>じていきます。

## ① 制御できないからこそ住民と行政が顔つき合わせる契機となる

### 〈隙間〉は都市計画的にコントロールできるか？

　2000年代前半のライプツィヒ縮退期における都市政策「穿穴都市」は、急増する空き家や空き地といった〈隙間〉と向き合い、コントロールし、それをなんとか地区の住環境の向上につなげようと

いうものでした。都市計画においては、用途の定まらない〈隙間〉の存在は忌むべきものであり、なるべく無くしておきたいというのが基本的な態度ですが、人口減少によって〈隙間〉が否応なく現れるならば、むしろそれをうまく都市計画の中に組み込んでいこう、というアプローチが近年議論されはじめています。都市計画家の饗庭伸は、都市の縮小期には不動産市場の力が弱まり、「脱市場化」された空き家・空き地がランダムに発生して「都市のスポンジ化」がおこるとし、このスポンジ化は避けられない事態なのだから、そのような空間を「さまざまな力やさまざまな意思にあわせてたたんだり開いたり」できるフレキシブルなものとして捉えるべきだと指摘しています[*1]。また都市計画家の横張真は「明滅する暫定的な空間をダイナミックに制御する」ことで「市街地の空間的・社会的特性に合わせ、適材適所必要なタイプの緑地を必要な箇所に効果的に確保できる」可能性を指摘しています[*2]。空き家を取り壊して暫定緑地にしていくというライプツィヒの「穿穴都市」は、まさにこのような考えかたを背景とした都市政策でした。

　しかしながら人口予測がこの30年間外れつづけてきたという事実が物語るように、変化に追いつけず、政策は常に後手にまわります。状況が逐一変化するため、〈隙間〉に対しても結局は場当たり的な対策に終止し、多くの専門家から辛辣な批判を浴びました。市の政策担当者も、「穿穴都市」は長期的な視点をもった都市政策ではなく予測不能な緊急事態をとりあえず乗り切るための対処療法だったと告白します。フレキシブルな空間を都市の変化に合わせて活用するといえば聞こえはいいですが、実際にはスポンジの穴を戦略的に都市計画に位置づけるのは困難を極める、ということがライプツィヒの経験から明らかになります。

## 住民と行政の対立と協働を促す〈隙間〉

　では「穿穴都市」政策が全く意味をなさなかったかというと、わたしはそうは思いません。市民に対して人口減少が止まらないことを前提に「最悪のシナリオ」を提示し空き家の取り壊しというアクションを実行したことで、住民の一部が反対運動をおこします。その結果、住民側は自主的にハウスハルテンを組織し、「家守の家」や空き地の暫定利用が生まれ、〈隙間〉のあらたな可能性が示されました。つまり、行政が腹を括って「穿穴都市」政策をスタートさせたことで、批判を含めた住民側の自発的な活動が誘発されたのです。その後、〈隙間〉に宿る可能性を見せつけられた行政側が、それまでの政策を翻し、「〈隙間〉こそライプツィヒのウリである」と住民の動きに応じ協働を目指す政策を打ちました。このように、〈隙間〉を巡って住民と行政間に絶妙なキャッチボールがおこったのです。ここから明らかになるのは、都市の〈隙間〉とは、政策的に制御できないからこそ、住民と行政が時に対立し、時に連帯するきっかけとなったということです。

　突然の体制転換と人口減少、突然の移民・難民の流入と人口増加、そして不動産バブル。ライプツィヒの1990年からの30年間は予測できないことの連続であり、参照するには少々極端な例であると思われるかもしれません。しかし今後ますますグローバリゼーションが加速するなか、いかなる都市も、多かれ少なかれライプツィヒのような予測不可能性を抱えています。あらたな都市問題が次々と出現するとき、行政が上から政策を投下するだけで都市問題を解決できるはずがなく、住民の自発的な行動が不可欠です。そのとき、〈隙間〉という都市政策的には制御しきれない存在こそが威力を発揮します。行政には思い切った政策を、住民には自発的な活動を促すこ

とで、両者が顔を突き合わせてコミュニケーションせざるを得ない状況をつくりだし、それが結果的には都市の将来を切り開くのです。衰退の局面ではどうしても発生する、制御のできない「やっかいな」〈隙間〉。であれば、コントロールに執着するのではなく、かといってその存在を無かったことにするのでもなく、住民と行政がそれぞれの視点からあらたな動きがおこるチャンスであると捉えることが必要なのです。

# ②「素人」がまちをつくることを後押しする

## 「施設化」されていない活動を育む〈隙間〉

　建築家の大谷幸夫は、1979年に著した『空地の思想』で、「今発生しつつある、まだ『施設化』されていない、そだちつつあるもの、固まっていないもの」を育む空間としての「空地（くうち）」の重要性を説きました。都市に「空地」が無いと、「そういったものの芽をつむ、未来に向かっての可能性といったものをつぶす」ことになってしまう。現代都市は「空地」を抹殺し、「意味づけられたものだけで埋め尽く」す。そこに現代都市の圧迫感、閉鎖感があると主張しています*3。

　大谷はこれを直感的に主張していますが、ライプツィヒの〈隙間〉に芽生えた活動を見たあとで改めて読み直すと、説得力のある指摘であることがわかります。［日本の家］を全く知らない人にそこがどんなところなのかと問われるたび、運営メンバーたちは「うーん、レストランでもないし、ギャラリーでもないし、ライブハウスでもないしなぁ……」と、答えに詰まります。それこそ［日本の家］が「施設化」されていないことを象徴していると言えるでしょう。「空地」、

本書でいう都市の〈隙間〉は、「施設化」されていない、固まっていない、おぼろげな活動を受け止める、ゆりかごのような存在なのです。

## 「素人」がまちをつくる：
## 手足と五感を駆使したクリエイティビティの発揮

　では、〈隙間〉は都市にとって、具体的にどのような役割をもつのでしょうか。ジャーナリストのジェイン・ジェイコブスは1961年の著書『アメリカ大都市の死と生』のなかで、都市には古い建物が重要だと指摘しています。それも「（歴史的価値の高い）みごとで高価な修復をうけた建物」ではなく、「平凡で目立たない、価値の低い建物で、一部はおんぼろの建物」が重要だといいます。なぜなら、「あらたなアイディア」をもった人びとにとって、古くて賃料の安い「おんぼろ」の建物が、そのアイディアを実現する足がかりになるからです。地区にさまざまな空間が混合している状態になることで、多様性と創造性が担保され、都市が生き生きと輝きつづけるのだから、とジェイコブスは訴えます[*4]。

　ジェイコブスが指摘するように、都市の「おんぼろ」な空間、本書でいう都市の〈隙間〉は、あらたな活動がおこるうえで重要な役割をもっていることは、全章にわたりくりかえし述べてきました。そのうえで加えたいもうひとつのキーワードが「素人」です。資本力があったり、経験があったり、企業や行政の後ろ盾があるような人びととは異なり、カネもコネもノウハウもろくにもたない「素人」たちが、都市の〈隙間〉において、試行錯誤を重ねながら、たどたどしく活動をおこしていくことに着目してきました。「素人」であっても料理にチャレンジし人びとに振る舞ったり、コンサートをしたり、家具や空間をつくったり、アート作品をつくったり、野菜を育てたり、イベントを運営したり、地域や社会の問題について議論し

行動したりする。ほかの人びとと関わりながら、自分たちの手で、まちに自らの居場所をつくっていく。まちづくりは、「つくる」というクリエイティブな行為です。都市に〈隙間〉という舞台があることで、素人たちは存分に自分の手足と五感を使ってクリエイティビティを発揮することができるのです。言い換えれば、都市の〈隙間〉がプラットフォームとなることで、経験や資産が無い人でも都市に参加し、主体的にまちをつくることが可能となるのです。

現在、「遊休不動産を活用した創造都市」が自治体や不動産業界、あるいはリノベーション業界の注目を浴びています。しかしジェイコブスに言わせれば、都市の創造性にとってより根本的に重要なのは、市場性の無い「おんぼろ」な空間、つまり都市の〈隙間〉の存在です。「おんぼろ」の空間をみんな綺麗にリノベーションして不動産市場に戻してしまうということは、経済力がなく実績も無い「素人」が活動する空間を失うことにつながり、「素人」が自らの手でまちに関わり、まちをつくる機会を奪うことになりかねません。ジェイコブスは、都市の多様性が消失し、都市が自滅していくことであり、これがジェントリフィケーションの本質的な問題だと指摘します。

## まちに必要なのは、誰もが「素人」として〈現れる〉場所

「素人」の活動には、さらに重要な意味を見いだすことができます。[日本の家]は活動が「素人レベル」だったからこそ、「店員-客」あるいは「上司-部下」といった関係性ではなく、さまざまな人びとが入れ替わり立ち替わり活動に入り込んできて共に手を動かし、肩書、職業、経験、所属、国籍、ジェンダーなどを超えた人間関係が形成されました。なかでも、旅人、アーティスト、フリーターや失業者、難民申請者、ワーキングホリデー中の若者など、なんとも肩書の付けようのない、フラフラしている「暇人」が多数入り乱れ

たことで、彼らが異なるジャンル、異なるコミュニティ、異なる文化の人びとを結びつける「ハブ」となっていたことがわかりました。

　哲学者のハンナ・アーレントは、1958年の著書『人間の条件』で、わたしたちが共通の〈世界〉に生きる存在なのだと確認し合うためには、人びとが互いに見られ、聞かれることで、〈現れる appearance〉ことが重要だと説きます。しかし人びとは大抵、肩書、職能、年齢、国籍、ジェンダーなどといった「ベール」で覆い隠されています。アーレントはこれらの本来的な人間性を隠しているものを〈社会的なるもの the social〉と呼びます。〈社会的なるもののベール〉に覆い隠されることで、人びとは本来の姿が隠され互いに〈現れ〉なくなる。そうしてわたしたちの〈あいだ in between〉にある共通の〈世界〉が消滅していく。〈社会的なるもの〉の勃興以来、人びとが本来的な意味での人間として生きなくなっているのだ、とアーレントは訴えます*5。

　アーレントの言葉を借りれば、「素人」の活動とは、人びとが〈社会的なるもの〉を問われず互いに〈現れ〉、ほかの人びとに見られ聞かれるチャンスに開かれています。[日本の家]のような場所は、多様なバックグラウンドをもつ人びとが互いに〈現れる〉ことで、アーレントのいう〈世界〉が（常にとはいえないものの少なくとも瞬間的には）出現しているのです。そしてフラフラしていて、普段は「怠惰だ」と批判されがちな、〈社会的なるもののベール〉をまとわない「暇人」たちこそが、人びとを〈世界〉へといざなう、重要な役割を演じているのです。

　一方、活動の目的が定まり、専門的になる、つまり活動が「施設化」することで、様相が変わっていきます。活動が長期的に継続するようになる一方、人びとのつながりもまた専門性にもとづくものが支配的になります。専門性が重視されるということは、その人がどん

な職能、資格、能力をもっているかという〈社会的なるもの〉が常に問われるということです。失敗はダメなものとしてとらえられ、クオリティが求められるようになるため、「素人」や「暇人」が運営に入る余地はなくなります。彼らは「お客さん」や「教育される対象」や「支援を受ける対象」となるわけです。このように、なにかを提供する側と提供される側の間に線を引くことで、人びとは対等な立場で互いに〈現れ〉なくなり、〈世界〉は消失します[*6]。

　ベールをまとわない「素人」が互いに〈現れ〉、都市空間のあちこちに人びとが共に活動しコミュニケーションする〈世界〉が出現する。それこそが、〈隙間〉のもつ重要な役割なのです。

# ③ 多様性と偶然性に満ちた生々しい 関わり合いの舞台となる

## ユートピアであるはずの〈隙間〉におこる ドロドロとした群像劇

　哲学者のアンリ・ルフェーヴルは、都市は政治家や建築家によって整備され、その所有権は資本家にあるとわたしたちはさまざまな方法（建築、都市計画、法律、歴史の授業など）で思い込まされてるが、本来はそこに住む生活者の労働や活動によって共同でつくられたものなのだから「わたしたち」に空間を取り戻す権利（＝「都市への権利」）があるのだと主張します[*7]。そしてその運動は「計画化され計画表化された秩序の裂け目」からおこるのだとも指摘しています[*8]。都市の〈隙間〉は、ルフェーヴルの「計画化され計画表化された秩序の裂け目」というイメージが物理的に現れた空間であるといえます。本書で取りあげてきた〈隙間〉で生まれた活動を眺めて

いると、システム全体が変わるのを待つのではなく、その「裂け目」である〈隙間〉を拠点に、人びとが小さいながらも理想とする生きかたを実現していく「自治*9の実践」あるいは「実現されたユートピア」が生まれているのだという（少しロマンティックな）見かたもできるでしょう。

ただし（ここからが重要なのですが）、この「ユートピア」の内情は、そう単純ではないことをこの本では指摘してきました。都市の〈隙間〉はたしかに「自らの理想とする生きかたや活動を自らの手で実現できるプラットフォーム」であり、統治が自治によってなされる可能性をもっていますが、だからこそそこに関わる人びとの間でさまざまなコンフリクトやトラブルがおこります。

既存の共同体の秩序や価値観を揺るがす外部からの来訪者のことを文化人類学では〈異人〉と呼びます*10。都市の〈隙間〉には、じつにさまざまな〈異人〉が入り込んできます。連帯へと発展する幸せな出会いもありますが、対立を招く出会い、あるいは「招かれざる人びと」の乱入もあります。壁と壁の隙間からいつの間にか夏の虫が入り込んで中の人びとを驚かせるように、都市の〈隙間〉にはあらゆる〈異人〉が入り込んできて、既存のつながりを揺さぶり、変化させ、あらたな活動を引きおこすのです。

また、「誰かのユートピア」が形になった瞬間、ほかの人びとにとってそれは「誰かに占拠されている」空間となり、窮屈な場所に変容することもあります。例えば［日本の家］では、ある人びとが長時間その空間に入り浸ることで、当人たちにとっては自由で居心地の良い空間になっていても、ほかの人びとから見れば私物が散乱し、「変な」人びとに「占領・支配されている」空間であるということが、コンフリクトやトラブルの原因となっていました。つまり「ユートピア」は「誰もが心地よく共存できる場所」などでは決してなく、

その空間を誰がどう使うかということに関する可視／不可視的な対立が常に存在しているのです。

〈隙間〉はこのように、非常に**政治的**な空間です。それは、権力対民衆という意味ではなく、むしろ外部の権力やシステムがスマートに管理しえない「裂け目」だからこそ、突発的な有象無象の乱入や人間関係のもつれ合いがおこる、という意味で政治的な空間なのです。自治の実践とは、そういうドロドロした人間模様が繰り返される、終わらない群像劇なのです。

## 人びとを動揺させ対立と連帯を迫る物理的空間の特徴

そもそもなぜこの群像劇にはコンフリクトが付き物なのかという点を考えてみると、じつはそれこそが都市、あるいは物理的な意味での都市空間というものの性<sub>さが</sub>なのだということがわかります。

19世紀後半に始まる近代化により、さまざまなバックグラウンドをもった人びとが都市に押し寄せることとなった結果、都市とは多様な人間の共存を模索する現場となりました。社会学者のゲオルク・ジンメルと彼に影響を受けた初期シカゴ学派は、このあらたな都市像を、異なる人びとが互いに影響を与え合い、多様性と不安定性が共存する場所として比較的ポジティブに捉えていました。しかしその後、都市では新自由主義的なものを背景に「棲み分け（ゾーニング）」と「コミュニティの断片化」がおこっていったと多くの論者が主張しています。都市が多様性を源泉として人間の創造性が高められる開かれたものではなくなり、公共性が失われ、「人種や所得格差をもとにバリケードが築かれ分割された寒々しいもの」[11]になり、「ゲーテッド・コミュニティ化」によって都市が分断され[12]、都市は単に「資本家がレントをすい上げる場所」[13]となりはてている、まさに「都市の終焉」のプロセスにあるとまでいわれています。

　しかし地理学者のドリーン・マッシーは近年のこれらの都市論に対し、**空間についての基本的な理解**が欠けていることを指摘します。マッシーにとっての空間は「閉じ得ないもの」であり、常に「偶然性」をもち、常に「予期せざるものをはらみ」、数々の接触により数々の「物語」が生まれる。それこそが、「『新しいこと』が生ずることを可能とする」のです*14。マッシーは空間を「偶然で選ばれていない隣人同士が必然的に接触するもの」であり、わたしたちはその中に〈共に投げ込まれている（thrown-together）〉と表現します。空間が混沌、開放性、不確実性を「具現化」するからこそ、わたしたちが共に生きる（living together）ことについての問いを発する契機になり、そのことが民主主義にとっての「潜在的に創造的るつぼ」になるのだとマッシーは指摘します*15。

　［日本の家］では、関わる人が増えてくるにつれ、コンフリクトやトラブルが頻繁におこっていました。これは［日本の家］という空間が密になり「ギチギチ」になったからこそおこったことでした。マッシーの言葉を借りれば、［日本の家］は物理的な空間であるからこそ、そこに多様な人びとが〈共に投げ入れられ〉ることで、背景や文化の異なる人びと同士が偶然出会い、コミュニケーションせざるをえない状況をとなったのです。そしてこの生々しい他者との関わり合いを通じて、「共生」や「場づくり」に関する気づきを得ていました。このように、物理的な空間は人びとに対し、時にあらたな活動を促し、時に他者との対立と連帯を迫ります。つまり空間の偶然性や不確実性こそ、人びとを動揺させ、気づきを与え、思考させ、そしてあらたな行動を後押しするのです。

## わたしたちの〈あいだ〉にある都市の〈隙間〉：
## 関わり合いの空間へ

　さて、マッシーの議論を敷衍すると、本来この世のありとあらゆる空間は、混沌、開放性、不確実なものであるということになります。しかしこれにピンとくる人はあまり多くないでしょう。なぜでしょうか。これは、人びとが「〈社会的なるもの〉のベール」によって覆い隠されているように、空間もまた「〈社会的なるもの〉のベール」に多様性・偶然性・不安定性が覆い隠されているからではないでしょうか。つまり、人びとが肩書、身分、役割といった「〈社会的なるもの〉のベール」に覆われているように、「空間」もまた、「なんのための空間か」＝（都市計画的）用途、「誰の所有物か」＝所有権、「誰がなにをしてよいのか」＝ルール、「どれくらい経済的価値をもつか」＝不動産価値、「どれくらい歴史的に重要か」＝歴史的価値、といった「ベール」で覆われているのです。これらはすべて**〈社会的に〉決められていることであり、空間のもつ本性ではない**のです。

　では「空間」の不安定性、偶然性、多様性という本性が、われわれの前に現れるのは、どんなときでしょうか。それは空間を覆っていた「ベール」が剥がれ落ちるとき、つまり空間の用途が定まらず、管理も曖昧で、所有権も不動産価値も不明瞭で、大した歴史性も無い場合です。都市の〈隙間〉は、まさにこの「ベール」が（わかりやすい形で）剥がれ落ちているのであり、「多様で偶然で不安定な空間の本性」がむきだしになっているのです。だからこそ〈隙間〉は、平和的であれ対立的であれさまざまな背景と性質をもった人びとのダイナミックな関わり合い、対立と連帯がおこりつづける空間になり得るのです。

　たとえ対立が少なくなって秩序がうまれ、活動が長期的に安定し

たとしても、一定の人がどっしりと居座って〈隙間〉を埋めてしまうということは、ほかの人が〈隙間〉に入るチャンスを阻害することなのです。〈隙間〉が生来の性質、つまり多様な人びととの関わりの場へと開かれるには、〈隙間〉が「あなたのもの」でも「わたしのもの」でも「わたしたちのもの」でもなく、「わたしたちの〈あいだ〉にあるもの」なのだと認識することが重要です。わたしたちの〈あいだ〉に〈隙間〉があることで、多様な人びとがそこに〈現れ〉、共に活動をおこし、活動を揺さぶり変化させるような〈異人〉が外から入り込み、あらたな出会いとつながりが生成されるのです。わたしたちがまちをつくるという行為は「完成形」があるものではなく、常につくりつづけるという「プロセス」そのものなのです。

「〈社会的なるもの〉のベール」が剥がれ落ち、多様で偶然性をもち不安定な性質がむきだしになっている都市の〈隙間〉が、わたしたちの〈あいだ〉にあるあらたな出会いへと開かれ、対立と連帯に満ちた〈共通の世界〉となるのか、それとも再び「意味づけられ」ることで〈社会的なるもの〉に回収されていくのか。そこにわたしたちの実践が問われているのです。

# 都市の〈隙間〉でモヤモヤした未来を<br>引き受ける訓練をしよう

さて、ライプツィヒの都市の〈隙間〉を這いずりまわりながら、そこでおきたことを見つめ、考えるという旅から帰ってきました。最後に少し、これからの話をしておかないといけません。というのも、わたしはこの本で、都市の〈隙間〉という不安定な物理的空間に身を晒し、見ず知らずの人びとと偶然に出会い、話し、笑い、歌い、ときにいがみ合い、涙し、和解し、また共に手を動かして活動する、

ということを繰り返しながら、人びとがまちを自分の手でつくることが重要なのだ、と繰り返し述べてきました。しかしこの本を書き終えようとしている今、2020年、世界は新型コロナウィルスによって大混乱に陥っており、未来がモヤモヤしているなかで多くの人びとが不安を抱きながら過ごしています。その不安の矛先は、都市空間という、不特定多数の多様な人びとが常に肩を寄せ合って暮らしている物理的空間に向けられています。人びとが〈投げ入れられている〉ために、他者との偶然の接触（＝感染）が常に生じ得る物理的空間のもつ「リスク」が、大きく取り沙汰されているのです。

　この「リスク」を低減するべく、多くの技術が投入されています。まずはコミュニケーションの場をバーチャルな空間へと移行すること。今はまだぎこちなくても、そう遠くない将来、VRや5Gをはじめとした技術の進歩によって、オンラインのミーティングやイベントは、現実空間とそれほど変わらない体験を人びとにもたらすでしょう。一方現実の空間でも、情報技術によって感染者を把握し、感染経路を追跡し、速やかに処置する技術が導入されています。この技術が発展すれば、リスクのある他者をシステムが自動的に判別し、排除することでリスクを避けて生活できるようになり、人びとは都市空間で再び安心してくつろぐことができるようになります。さらにウィルスだけでなく、個々人の体調、生活パターン、食事や服装の趣味にいたるまで、ありとあらゆるデータが逐一モニタリングされ、これに気候、交通、あるいは各産業の$CO_2$排出量などのデータを重ね合わせれば、個々人にとっては安全安心で、しかも欲求を最大限満たすことができ、かつ地球全体としても環境負荷を下げることができるという、夢のような世界が実現するかもしれません。個人にも地球にも「最適化された状態」をシステムが自動的につくり上げ、人びとはそれを享受し、そのなかで生きるようになる。少

しSFめいた話ですが、「スマートシティ」や「スーパーシティ」といったキーワードで語られている未来の都市像は、まさにこのようなものです。新型コロナウィルスの蔓延によって、この流れはますます加速するでしょう。

その実現性や問題点をここで細かく論じることはわたしの手に余るし、本書の本旨ではありません。しかしひとつ確実なことは、システムに依存すればするほど、システムが暴走したりダウンしたりしたときに、わたしたちの生活もまた破綻してしまうということです。原子力発電所、防潮堤、インターネットの安全性など、完璧につくられていたはずのシステムが「想定外の事態」であっけなく崩壊した現場をわたしたちは何度も体験しています。

本書で見てきたライプツィヒの人びとのたくましさの根源にあるものは、「想定外」の政治体制の転換と「想定外」の衰退により、システムの機能不全を嫌というほど体験するなかで身につけた、「サバイバル能力」なのだとわたしは思っています。エネルギー、物流、防災、教育、移動、経済、福祉、健康など、奇しくもスーパーシティ構想で掲げられているトピックについて、システムに頼らずになるべく自分たちで「できること」と「わかること」を増やし、蓄積しておくこと。そして、自分たちの手で、自分たちのまちを舞台に、自分たちでやってみること。システムから完全に自立することが難しいとしても、重要なのは個々人、そして個々のまちが、システムが機能しなくなってもなんとか生き抜いていくための力を身につけておくことなのです。

都市の〈隙間〉は、そもそもシステムがうまくはたらいていない空間です。システム側からみれば〈隙間〉は「バグ」であり、修正・削除すべき対象です。しかし本書で明らかになったように、アリの視点から見れば、システムに最適化できないバグである〈隙間〉こ

そ、自分自身で状況を判断し、仲間と助け合い、生き延びていける
ような、わたしたちがそんな力を蓄えるための、絶好の訓練の場に
ほかなりません。あらゆる人が偶然に〈投げ入れられ〉ていること
でさまざまな対立と連帯がおこり、そこから考え、学び、さらにあ
らたな活動をおこす。それは常にリスクを抱え、不安定で、非効率
で、特に「素人」の場合は失敗を繰り返すので、「最適化された状態」
からは程遠いものです。しかしそうやって〈隙間〉で試行錯誤して
おくことは、いざシステムが暴走したときにはそれを食い止める力
になり、システムがダウンしたときには自分たちで生き抜くための
力になるのです。〈隙間〉は、システムに問題の解決を丸投げするの
ではなく、モヤモヤした未来を引き受け、そのなかに自分たちで希
望をみつけ、自分たちでまちの未来を切り開くための空間なのです。
　その意味でも、今回のコロナウィルスによってわたしたちが現実
空間でやれること、やるべきことはいっそう明確になりました。い
かなるシステムが機能しなくなったとしても、わたしたちには身体
と物理的空間が残ります。高度に専門化されたバーチャルな空間と
は異なり、現実の空間は、身体さえあれば、カネがなくてもコネが
なくてもノウハウがなくても、誰にでも関わることができるフィー
ルドです。自らの手でそこを改変し、自分たちが生きていくための
場所をつくっていくことができるのです。さあもう本は閉じて、
あなたのすぐそばにある都市の〈隙間〉から、まちをつくり始め
ましょう！

*¹ 饗庭伸『都市をたたむ ― 人口減少時代をデザインする都市計画』花伝社, 2015, pp.52,98-100,135

*² 横張真「都市の縮退と土地の暫定利用」『都市計画 Vol. 65 No. 3 特集：都市空間の暫定利用を考える』日本都市計画学会, 2016, pp.16-19

*³ 大谷幸夫『空地の思想』北斗出版, 1979, pp.202-204

*⁴ ジェイン・ジェイコブズ（山形浩生 訳）『アメリカ大都市の死と生』鹿島出版, 2010, pp.214-223（原著：Jane Jacobs, *The Death and Life of Great American Cities*, Random House, 1961）

*⁵ ハンナ・アーレント（志水速雄 訳）『人間の条件』筑摩書房, 1994（原著：Hannah Arendt, *The Human Condition*, University of Chicago Press, 1958）

*⁶ 一応付け加えておけば、都市計画家や建築家、起業家、医療や教育や福祉の専門家、プロの職人やアーティストや料理人など、知識を持った人びとが専門性をもってまちづくりに関わることももちろん重要である。それらの人びとが「素人」をサポートし、「素人」主体の活動を支援する可能性も十分にある。しかしそれでも、専門性をもった人が、それ以外の人びとに高品位なサービスや商品を提供する活動と、「素人」が試行錯誤を重ねながら、対立と連帯、失敗と成功を繰り返しつつ、たどたどしくも自分たちで自分たちに必要な活動をつくりあげることは両立できない。それを専門家も認識すべきであろう

*⁷ アンリ・ルフェーヴル（森本 和夫 訳）『都市への権利』筑摩書房, 2011, p.102（原著：Henri Lefebvre, *Le droit á la ville*, Anthropos, 1968）

*⁸ アンリ・ルフェーヴル（森本 和夫 訳）『「五月革命」論 ― 突入：ナンテールから絶頂へ』筑摩書房, 1969, p.120（原著：Henri Lefebvre, *L'irruption de Nanterre au sommet*, Éditions Syllepse, 1969）

*⁹ 歴史家の網野善彦によれば、原始・太古の人民の本質的な「自由」を今のわたしたちも脈々と引き継いでおり、「そこからわきでてきた力」が「公」の支配が及ばない空間＝「無主・無縁」を作ってきた。（網野善彦『無縁・公界・楽』平凡社, 1987）都市の〈隙間〉は、現代都市の今や「管理の力」を逃れたところにある、空間的なアジールであるともいえるのかもしれない。少々ロマンチックすぎるきらいもあるが……

*¹⁰ 赤坂憲雄『異人論序説』砂子屋書房, 1985

*¹¹ リチャード・セネット（北山克彦・高階悟 訳）『公共性の喪失』晶文社, 1991（原著：Richard Sennett, The Fall of Public Man, Random House, 1977）

*¹² マイク・デイヴィス（村山敏勝・日比野啓 訳）『要塞都市LA』青土社, 2001（原著：Mike Davis, City of Quartz: Excavating the Future in Los Angeles, Verso, 1990）

*¹³ デヴィッド・ハーヴェイ（森田成也・大屋定晴・中村好孝・新井大輔 訳）『反乱する都市 ― 資本のアーバナイゼーションと都市の再創造』作品社, 2013（原著：David Harvey, *Rebel Cities*, Verso, 2012）

*¹⁴ リチャード・セネットは都市に出て様々な人びとや現象にふれることで、ナイーブな「青年」が成長するという「都市の無秩序の活用」を主張している。ネグリ＆ハートはボードレールを引用しながら、「大都市における予測できない偶然の出会い」が「共」を生み出す契機となるとする。このように、都市における他者との偶然性についてポジティブに記述するものも少なからず存在する
リチャード・セネット（今田高俊 訳）『無秩序の活用 ― 都市コミュニティの理論』中央公論社, 1975（原著：Richard Sennett *The Use of Disorder: Personal Identity and City*, Alfred A. Knopf, 1970）
アントニオ・ネグリ、マイケル・ハート（水嶋一憲・幾島幸子ほか 訳）『コモンウェルス ― 〈帝国〉を超える革命論（下）』NHK出版, 2012（原著：Antonio Negri and Michael Hardt, *Commonwealth*, Belknap Press, 2011）

*¹⁵ ドリーン・マッシー（森正人・伊澤高志 訳）『空間のために』月曜社, 2014, pp.280-289,（原著：Dreen Massey, *For Space*, SAGE Publications, 2005）

# *P.S.*
### あとがき

## わたしの遊び場:
## 神社裏の空き地からライプツィヒの空き家へ

　東京杉並の住宅街で生まれ育ったわたしのお気に入りの遊び場は、近所の神社の奥にある空き地でした。立派な松の木（御神木）の根元をホームベースにして、向かいの家（クラスメートの高具くんの家）に入るとホームランというルールで野球をやったり、松の根っこでボコボコした地面に穴をほってゴルフをしたり、やたらとネバネバする土（関東ローム層）で陶芸をしたり、放置されている木や金属の廃材で基地をつくったり、松のヤニを採取して燃やしてみたりと、悪友たちとやりたい放題遊んでいました。

　それがある日、いつものように放課後に来てみると、「ここでボール遊びをしてはいけません」という立派な立て看板が建っているではありませんか。明らかにわたしたちに向けてつくられたものでしたが、お気に入りの遊び場をとられてたまるか！と、看板を蹴り倒してしばらく遊んでいました。すると神主さんが「コラー！看板が読めんのかー！」と、姿を表したのでした。ワーッと逃げ帰った次の日、先生に職員室に呼ばれ、「神主さんから相談をうけた。もうあそこで遊ばないでくれ」と諭されたのでした（今思えば悪いことをしたなと思う半面、看板を立てるまえに神主さんが僕らと直接話をすればよかったんじゃないかなぁ、とも思います）。

　こうして神社を追いだされたわたしたちは、しぶしぶ近所の「近隣公園」に遊び場所を移しました。綺麗に整備され、工夫された遊具もあり、管理が行き届いているのですが、これが全くおもしろくなかった。ボール遊びはネットに囲まれた狭っ苦しい鳥かごのよう

な場所でしかできないし、地面がゴムや砂利なので穴を掘ることもできない。廃材も無ければ火遊びもできない。木が鬱蒼としていて、大人の目が届きにくく、木材やら鉄パイプやらのガラクタがたくさん転がっていた、まさに都市の〈隙間〉で遊んでいたときのことは今でも鮮明に覚えていますが、きちんと設計され整備された公園でなにをして遊んでいたのかはなにも覚えていないのです。

　大人になって、建築やランドスケープのデザインを学んでは見たのですが、子どものときのこの体験がずっとわたしのなかに根を張っていて、「施設化」されたものを「設計」する、ということに興味がもてませんでした（設計課題は好きでしたが、それは作品として自分の考えを自由に表現できるからで、建築設計に対する興味ではありませんでした）。そんなこともあって、初めてライプツィヒを訪れたとき、数多くの空き家やら廃工場やら廃線跡をみて、少年時代の感覚が蘇ったのでした。「これは遊べるぞ！」と。それがこの本の原点です。

　その後10年弱、ライプツィヒというまちで数えきれないほどの貴重な出会いと体験があり、本当にたくさんのことを学びました。このたび、その10年弱の経験をまとめる機会をいただきました。ですから本当に多くの方々の力によって、この本は成り立っています。快く資料を提供してくださったライプツィヒ市の方々、ワークショップへの協力とインタビューに応じてくださった多くの住民団体の方々。そしてなにより、［日本の家］を通じて出会ったすべての仲間たち。特に立ち上げ直後から運営で多くの苦楽を共にしてきたミンクス典子さん、人のつながりの重要性について気づかせてくれた薄井統裕さん、蔭西健史さん、中村稔さん、言葉にならないものの重要性に気づかせてくれたアーティストの宮内博史さん、ときに大学教授として、ときにパトロンとして、しかし大部分は友人として、外国暮らしのストレスで悶々としていたわたしをいつも勇気づけてくださったシュテフィ・リヒター（Steffi Richter）さん。日本では、博士課程の指導教官としてわたしをいつも叱咤激励し、ときによりラディカルな方向へとそそのかしつつ、問題意識を共有し

237

て、共に考え、たくさんのアドバイスをくださった岡部明子さん。風来坊の息子をいつも暖かく迎え、寝食を与え、惜しみなくサポートをしてくれた東京の家族。みなさんにいただいたご恩は大きすぎて返せないけれど、次の時代のために活動することで、次の世代の人びとに恩を送りたいと思います。

この本の内容は東京大学新領域創成科学研究科に2019年秋に提出し受理された博士論文『都市の〈間〉論 -1990年以降のライプツィヒ東西インナーシティを事例に』をベースに大幅に修正加筆したものです。執筆の過程で、学芸出版社の岩切江津子さんには長い間お付き合いいただき、たくさんのアドバイスをいただきました。ライプツィヒ在住のデザイナーである星野恵子さんには、出産間近にもかかわらず装丁をお引き受けいただきました。カバーと章扉のイラストはライプツィヒと尾道で活動するイラストレーターのリリー・モスバウアー（Lili Mossbauer）さんです。チームライプツィヒでブックデザインができたことをとても嬉しく思います。

長かったライプツィヒ生活を終え、2019年末に尾道に居を移し、はや半年。山手の空き家に国籍や職業に関わらず多様な人があつまる場所をつくろうと立ち上げたプロジェクト「迷宮堂」は、新型コロナウィルスによって一時中断していますが、良き友人と隣人に恵まれ、晴れの日は空き地の開墾と家の改修、雨の日は執筆と、晴耕（工）雨筆生活を送っています。［日本の家］も仲間たちが継続中。次は地理的に日本とドイツのあいだにあるジョージア（旧称グルジア）に拠点をつくろうと動き出しています。コロナ禍でいっそうモヤモヤした未来を、楽しく豊かに生きのびるための活動と研究を、これからも続けていきたいと思っています。ライプツィヒ・ジョージア・尾道。状況がゆるすようになった暁には、ぜひおいでください。それぞれの都市の〈隙間〉で蠢いている、愉快なアリたちが迎えてくれますよ。

2020年7月
自宅の書斎にて
雨上がりの瀬戸内海を行くフェリーを眺めながら

大谷悠

〈著者略歴〉

**大谷悠（おおたに・ゆう）**

まちづくり活動家・研究者。1984年東京生まれ。2010年単身渡独、2011年ライプツィヒの空き家にて仲間とともにNPO「日本の家」を立ち上げ、以来日独で数々のまちづくり・アートプロジェクトに携わる。2019年東京大学新領域創成科学研究科博士後期課程修了、博士（環境学）。同年秋から尾道に在住、「迷宮堂」共同代表として空き家を住みながら改修し、国籍も文化も世代も超えた人々の関わり合いの場にしようと活動中。2020年4月より尾道市立大学非常勤講師。ポスト高度成長とグローバリゼーションの時代に、人々が都市で楽しく豊かに暮らす方法を、欧州と日本で研究・実践している。
主な著書・論文・作品：『CREATIVE LOCAL ― エリアリノベーション海外編』（共著、学芸出版社、2017）「都市の〈間〉論 ― 1990年以降のライプツィヒ東西インナーシティを事例に」（博士論文、東京大学、2019）、映像作品『40㎡のフリースペース ― ライプツィヒ「日本の家」2015-2017』（2018）

**都市の〈隙間〉からまちをつくろう**

**ドイツ・ライプツィヒに学ぶ空き家と空き地のつかいかた**

2020年11月10日　第1版第1刷発行

著　　　者 ……… 大谷悠

発 行 者 ……… 前田裕資
発 行 所 ……… 株式会社学芸出版社
　　　　　　　　京都市下京区木津屋橋通西洞院東入
　　　　　　　　電話075-343-0811 〒600-8216
　　　　　　　　http://www.gakugei-pub.jp/
　　　　　　　　info@gakugei-pub.jp
編 集 担 当 ……… 岩切江津子

D　T　P ……… 美馬智
装　　　丁 ……… 星野恵子
イ ラ ス ト ……… Lili Mossbauer
印刷・製本 ……… シナノパブリッシングプレス

# 好評発売中

## CREATIVE LOCAL　エリアリノベーション海外編

**馬場正尊・中江 研・加藤優一 編著／大谷悠ほか 著**

四六・256頁・2200円＋税

日本より先に人口減少・縮退したイタリア、ドイツ、イギリス、アメリカ、チリの地方都市を劇的に変えた、エリアリノベーション最前線。空き家・空き地のシェア、廃村の危機を救う観光、社会課題に挑む建築家、個人事業から始まる社会システムの変革など、衰退をポジティブに逆転するプレイヤーたちのクリエイティブな実践。

## まちのゲストハウス考

**真野洋介・片岡八重子 編著**

四六・208頁・2000円＋税

まちの風情を色濃く残す路地や縁側、近所のカフェや銭湯、居合わせた地元民と旅人の何気ない会話。宿には日夜人が集い、多世代交流の場や移住窓口としても機能し始めている。商店街の一角や山あいの村で丁寧に場をつくり続ける運営者9人が綴った日々に、空き家活用や小さな経済圏・社会資本の創出拠点としての可能性を探る。

## PUBLIC HACK　私的に自由にまちを使う

**笹尾和宏 著**

四六・208頁・2000円＋税

規制緩和、公民連携によって、公共空間の活用が進んでいる。だが、過度な効率化・収益化を追求する公共空間はルールに縛られ、商業空間化し、まちを窮屈にする。公民連携の課題を解決し、都市生活の可動域を広げるために、個人が仕掛けるアクティビティ、しなやかなマネジメント、まちを寛容にする作法を、実践例から解説。

## 世界の空き家対策　公民連携による不動産活用とエリア再生

**米山秀隆 編著**

四六判・208頁・2000円＋税

日本に820万戸もある空き家。なぜ、海外では空き家が放置されないのか？　それは、空き家を放置しない政策、中古不動産の流通を促すしくみ、エリア再生と連動したリノベーション事業等が機能しているからだ。アメリカ、ドイツ、フランス、イギリス、韓国にみる、空き家を「負動産」にしない不動産活用＋エリア再生術。